"十三五"职业教育规划教材

U0457401

园林植物病虫害防治
实训教程

主 编　黄 瑛

副主编　吴秀水　郜爱玲

参 编　陈家龙　温作绸　南青云

YUANLIN ZHIWU BINGCHONGHAI
FANGZHI SHIXUN JIAOCHENG

中国电力出版社
CHINA ELECTRIC POWER PRESS

内 容 提 要

本书是"十三五"职业教育规划教材,全书由单项实训任务和综合实训任务组成。其中单项实训任务包括昆虫外部形态及头、胸、腹及其附器类型的观察,昆虫内部器官的观察,昆虫生物学特性观察,昆虫分类识别,园林植物病害主要症状类型观察,园林植物病原真菌形态观察,园林植物食叶类害虫的识别,园林植物吸汁类害虫的识别,园林植物钻蛀类害虫的识别,园林植物地下害虫的识别,园林植物叶、花、果病害的诊断与防治,园林植物枝干与根部病害的诊断与防治,园林植物病害的田间诊断,园林杂草与防除;综合实训任务包括波尔多液配制与质量鉴定,石硫合剂熬制与质量鉴定,园林植物昆虫标本的采集、制作与保存,园林植物病害标本的采集、制作与保存,园林植物病原物的分离培养和鉴定。

本书可作为高职高专院校园林、园艺、植物保护等相关专业的实训教材,也可供从事园林、园艺、植物种植养护和植物保护行业的人员阅读参考。

图书在版编目(CIP)数据

园林植物病虫害防治实训教程/黄瑛主编. —北京:中国电力出版社,2016.8

"十三五"职业教育规划教材

ISBN 978-7-5123-9355-4

Ⅰ.①园… Ⅱ.①黄… Ⅲ.①园林植物-病虫害防治-高等职业教育-教材 Ⅳ.①S436.8

中国版本图书馆 CIP 数据核字(2016)第 163567 号

中国电力出版社出版、发行

(北京市东城区北京站西街 19 号 100005 http://www.cepp.sgcc.com.cn)

汇鑫印务有限公司印刷

各地新华书店经售

*

2016 年 8 月第一版 2016 年 8 月北京第一次印刷

787 毫米×1092 毫米 16 开本 10 印张 238 千字

定价 **32.00** 元

前言

《园林植物病虫害防治实训教程》是与《园林植物病虫害防治》理论课教学配套的园林植物病虫害防治实验实训教学指导书，是园林植物保护的重要组成部分。通过学生在实验室和田间的实际操作，达到训练职业能力、培养职业素养、解决实际问题的能力，为学生以后的工作奠定良好的基础。

《园林植物病虫害防治实训教程》由单项实训任务和综合实训任务两部分组成。单项实训包括园林植物虫害、病害和病原物的形态特征、危害症状等。单项实训共 14 个实训项目，根据不同的实训内容，在相关知识回顾的基础上，以任务提出、任务分析、任务实施、实训任务评价等形式，力求让学生更好地理解和掌握实训内容。我国地域广阔，各地区园林植物病虫害种类差别很大，使用本书时，可根据当地病虫害发生情况和学校的课程学时多少，对实训任务进行相应的删减或合并。也可结合综合实训、生产活动和课外兴趣学习小组活动等进行。综合实训主要包括农药的配制、植物病虫害标本的采集与制作、病原物的分离培养和鉴定等，以培养学生的基础性实验能力和技能。此部分内容可根据各地生产和季节特点，在病虫害发生的主要时期集中或分次进行，实训内容可根据当地实际增减。有一定连续性的综合实训任务，在较长时间内才能完成的，应妥善安排。

本教材在编写过程中得到了学校许多教师的支持，虽不列举，但在此表示最诚挚的感谢！

由于编者水平有限，书中难免存在不妥和不足之处，敬请批评指正。

编　者
2016 年 5 月

目 录

单项实训任务

昆虫外部形态及头、胸、腹及其附器类型的观察

 实训目标

（1）通过实训，认识昆虫纲各种昆虫的外部形态、基本构造和特征，学会区别昆虫与其他动物。

（2）能识别昆虫的口器、触角、眼、足、翅和外生殖器的基本构造及其类型。

（3）了解各种不同类型的口器、触角、眼、足、翅和外生殖器的结构特点，为学习和掌握昆虫分类奠定基础。

 实训材料和仪器用具

1. 实训材料

昆虫标本：选用蜡质标本、针插标本和浸泡标本。如蝗虫、蝼蛄、蜂、蟪、蝉、蚜虫、蝶类、蛾类、蓟马、金龟子、天牛、螳螂、草蛉、白蚁、家蝇、蜘蛛等。

2. 器材

体视显微镜、放大镜、解剖针、镊子、培养皿、多媒体课件、多媒体教学系统。

 任务提出

授课教师把准备好的各种标本分发到每一小组，放在实训台上。布置实训任务：识别昆虫外部形态和各附器结构，比较昆虫纲各种昆虫和附器的类型。

 任务分析

要识别昆虫必须掌握昆虫外部形态、各附器结构和附器的类型特点。

 实训内容

（1）昆虫体躯一般形态特征观察。

（2）昆虫头部构造和头式观察。

（3）昆虫口器结构和类型的观察。

（4）昆虫触角基本结构和主要类型的观察。

（5）昆虫足的基本构造和主要类型观察。

（6）昆虫翅的基本构造和主要类型观察。

（7）昆虫雌雄外生殖器的观察。

实训要求

（1）实训前仔细阅读昆虫体躯及附器的基本构造和变异类型等相关内容。

（2）观察前先掌握体视显微镜的使用方法。

（3）要认真、仔细观察供试实训材料，肉眼观察不清楚的，用放大镜或显微镜观察，并做好记录。

（4）注意保护标本，以防损坏。

相关知识回顾

一、昆虫的形态特征

昆虫纲成虫的共同特征是：

（1）体左右对称，由一系列体节组成，有些体节具分节的附肢。具有外骨骼的躯壳。

（2）体躯分为头、胸、腹3个体段；头部有口器和1对触角、1对复眼，通常还有0～3个单眼；胸部由3个体节组成，有3对分节的足，大部分种类有两对翅；腹部一般由9～11节组成，末端有外生殖器，有的还有一对尾须。

（3）胸腹部两侧有气门，用气管呼吸。

（4）从卵变为成虫的发育过程中要经过变态。

蝗虫体躯侧面如图1-1所示。

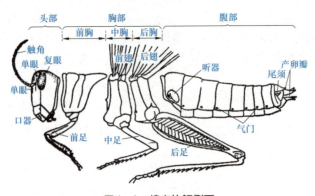

图1-1　蝗虫体躯侧面

二、昆虫的头部

头部是昆虫的第一个体段，通常着生有 1 对触角，1 对复眼，0～3 个单眼和口器，是昆虫感觉和取食的中心。

1. 头部基本构造

昆虫的头部由几个体节组成，无分节的痕迹，各体节形成一个坚硬的头壳。头壳一般呈圆形或椭圆形。在头壳形成过程中，由于体壁内陷，表面形成一些沟和缝，因此，将头壳分成额、颊、唇基、头顶和后头 5 个区。头壳的上方称为头顶，头的前面是额，额的下方是唇基，与上唇相连。头壳的两侧称颊，颊的后方称后头。蝗虫头部构造如图 1-2 所示。

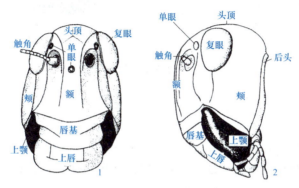

图 1-2　蝗虫头部构造

2. 昆虫的头式

由于取食方式的不同，口器形状及着生的位置也发生了相应的变化。分 3 种类型：

（1）下口式。口器向下，头部的纵轴与身体的纵轴几乎成直角。多为植食性昆虫，如蝗虫、蟋蟀和一些鳞翅目昆虫的幼虫等。

（2）前口式。口器向前，头部的纵轴与身体的纵轴接近平行。多为捕食性和钻蛀性昆虫，如步行虫成虫、天牛和草蛉幼虫等。

（3）后口式。口器向后，头部的纵轴与身体的纵轴成锐角。多为刺吸式口器昆虫，如蝉、蚜虫、蝽类等。

3. 昆虫口器的类型及构造

（1）昆虫口器的类型。口器是昆虫的取食器官，由于昆虫的种类、取食方式和食性不同，它们的口器在外形和构造上有各种不同的特化，形成各种不同的口器类型。危害园林植物的害虫口器主要有以下几种类型。

1）咀嚼式口器：由上唇、上颚、下颚、下唇和舌 5 部分组成。上唇为片状，位于口器上方，着生于唇基的前缘，具有味觉作用；上颚位于上唇下方两侧，为坚硬的齿状物，用以切断和磨碎食物；1 对下颚位于上颚的后方，上着生 1 对具有味觉作用的下颚须，是辅助上颚取食的机构；下唇片状，位于口器的底部，其上生有 1 对下唇须，具有味觉和托持食物的功能；舌为柔软的袋状，位于口腔中央，具有味觉和搅拌食物的作用。蝗虫的咀嚼式口器如图 1-3 所示。

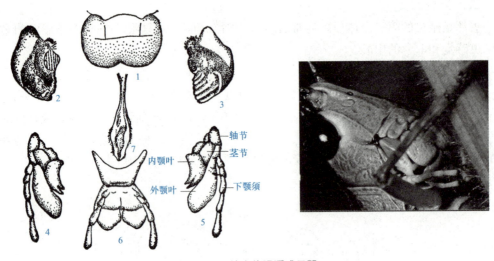

图1-3　蝗虫的咀嚼式口器

1—上唇；2、3—上颚；4、5—下颚；6—下唇；7—舌

2）刺吸式口器：下唇延长成为喙管，上、下颚特化成细长的口针，下颚针内侧有两根槽，两下颚针合并时形成两条细管，一条是排出唾液的唾液管，一条是吸取汁液的食物管。四根口针互相嵌合在一起，藏在喙内。上唇很短，盖在喙基部的前方。下颚须和下唇须均退化。蝉的刺吸式口器如图1-4所示。

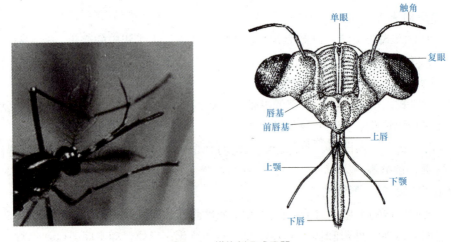

图1-4　蝉的刺吸式口器

3）虹吸式口器：这种口器的上颚完全缺失，下颚十分发达，延长并相互嵌合成管状的喙，内部形成一个细长的食物道。喙不用时卷曲于头部下方似钟表的发条，取食时可伸到花中吸食花蜜和外露的果汁及其他液体。蛾的虹吸式口器如图1-5所示。

4）锉吸式口器：为蓟马所特有，其特点为上颚口针较粗大，是主要的穿刺工具，两下颚口针组成食物道，舌与下唇口针组成唾液道。蓟马的锉吸式口器如图1-6所示。

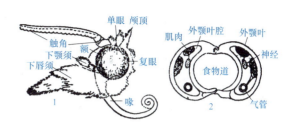

图1-5　蛾的虹吸式口器

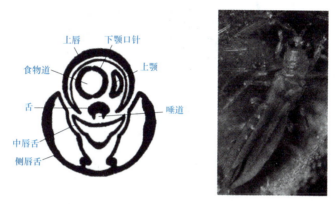

图1-6　蓟马的锉吸式口器

4. 昆虫触角的类型及构造

（1）昆虫触角的构造。昆虫的触角着生于额的两侧。触角的基本构造可分为三个部分，即柄节、梗节和鞭节。柄节是连接头部的一节，通常粗而短；第二节是梗节，一般较细小；梗节以后的各小节统称为鞭节。昆虫触角的构造如图1-7所示。

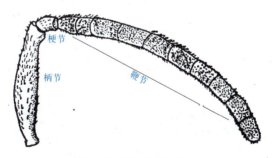

图1-7　昆虫触角的构造

（2）昆虫触角的类型。昆虫触角的形状多种多样，常见的类型如图1-8所示。

三、昆虫的胸部

1. 昆虫胸足的类型及构造

（1）昆虫胸足的构造。昆虫的胸足着生在胸部每节两侧的下方，一般由6节组成，

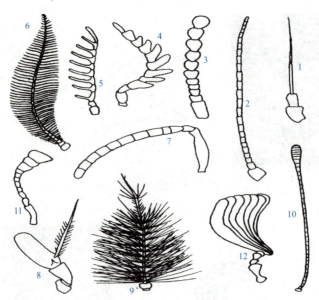

图1-8　昆虫触角的类型

1—刚毛状；2—丝状；3—念珠状；4—锯齿状；5—栉齿状；6—羽毛状；
7—膝状；8—具芒状；9—环毛状；10—球杆状；11—锤状；12—鳃片状

依次称为基节、转节、腿节、胫节、跗节和前跗节。昆虫胸足的基本构造如图1-9
所示。

图1-9　昆虫胸足的基本构造

（2）昆虫胸足的类型。由于昆虫的生活环境和生活方式不同，胸足的形状也发生了
相应的变化，因而特化成许多不同功能的构造，常见的胸足类型主要有7种，如
图1-10所示。

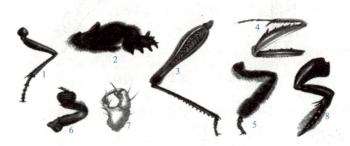

图1-10　昆虫胸足的类型

1—步行足；2—开掘足；3—跳跃足；4—捕捉足；5—携粉足；6—抱握足；7—攀缘足；8—游泳足

2. 昆虫翅的基本构造和类型

(1) 翅的构造。绝大多数昆虫有 2 对翅，但也有昆虫翅退化为 1 对或全部退化。昆虫的翅一般呈三角形，翅展开时其前面的边称为前缘，后面的边称为后缘或内缘，外面的边称为外缘。前缘与后缘间的角称为基角或肩角，前缘与外缘间的角称为顶角，外缘与后缘间的角称为臀角。由于翅的折叠可将翅面划分为臀前区和臀区，少数昆虫在臀区的后面还有一个轭区，翅的基部则称为腋区。昆虫翅的基本构造如图 1-11 所示。

(2) 昆虫翅的类型。昆虫的翅一般为膜质，主要功能是飞行。但有些昆虫由于适应其特殊需要与功能，使翅发生了质地和形状的各种变异，常见的类型如图 1-12 所示。

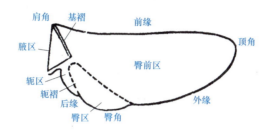

图 1-11　昆虫翅的基本构造

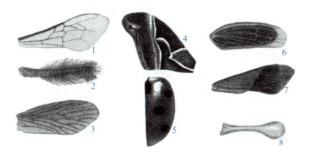

图 1-12　昆虫翅的类型

1—膜翅；2—缨翅；3—毛翅；4—鳞翅；5—复翅；6—半翅；7—鞘翅；8—平衡棒

四、昆虫的腹部

昆虫外生殖器是用来交尾和产卵用的器官。雌虫的外生殖器称为产卵器，可将卵产于植物表面，或产入植物体内、土中及其昆虫体内。雄虫的外生殖器称为交配器，主要用于与雌虫交配。雌、雄性外生殖器的构造如图 1-13 和图 1-14 所示。

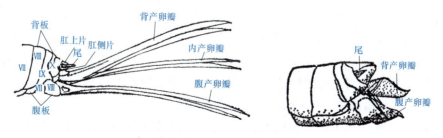

图 1-13　雌性昆虫外生殖器

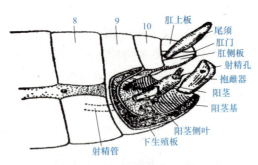

图1-14 雄性昆虫外生殖器

 **任务实施**

步骤一： 昆虫体躯基本构造的观察。

用放大镜观察蝗虫体躯，注意体外包披的外骨骼，体躯分节情况和头、胸、腹3个体段的划分，以及3个体段着生的触角、眼、口器、足、翅及听器、气门和外生殖器官等附器的位置和形态。

步骤二： 昆虫头式的观察。

观察供给昆虫标本的口器着生的位置，口器与身体纵轴的方向。

步骤三： 昆虫口器结构和类型的观察。

（1）咀嚼式口器观察：以蝗虫为例，用镊子取下依次取下蝗虫口器的上唇、上颚、下颚、下唇和舌5个部分，详细观察各部分形态和结构。

（2）刺吸式口器观察：以蝉或蝽为例，在体视显微镜下将蝉或蝽的口器取下，挑出口针并分开上下颚口针进行观察，注意各部分结构与咀嚼式口器的区别。

（3）虹吸式口器观察：以柑橘凤蝶和蚕蛾为例，观察蝶蛾类昆虫虹吸式口器的结构。

步骤四： 昆虫触角基本结构和主要类型的观察。

用体视显微镜或放大镜观察蜜蜂触角的柄节、梗节和鞭节的基本构造。对比观察供给昆虫的触角，以比较识别昆虫触角的不同类型。

步骤五： 昆虫胸足的基本构造和主要类型观察。

以蝗虫的后足为例，观察昆虫足的基节、转节、腿节、胫节、跗节、爪和爪垫的构造。对比观察供给昆虫的前中后足的类型，以了解昆虫足的结构变化和识别昆虫足的不同类型。

步骤六： 昆虫翅的基本构造和主要类型观察。

以蝗虫的后翅为例，观察昆虫翅的三缘、三角、三褶和四区。对比观察蝗虫、天牛、蝽的前翅，蝶蛾类、蝉的前后翅，蚊蝇的平衡棒，以了解昆虫足的结构变化和识别昆虫翅的不同类型，并比较不同昆虫翅的类型在质地、形状上的变异特征。

步骤七： 昆虫雌雄性外生殖器基本构造的观察。

以雌、雄性蝗虫为例，观察昆虫雌、雄虫外生殖器官的构造；以蟋蟀、蝼蛄为例，观察昆虫尾须的形态；以雄蛾为例观察抱握器等。

 **实训任务评价**

序号	评价项目	评价标准	评价分值	评价结果
1	体躯的基本构造观察	正确划分体段，并能说明特点；准确填图标明蝗虫各部分和附器的名称	30	
2	口器的观察	能指明蝗虫口器的各个部分；说明各种供试实训材料的口器类型，能正确区别各种头式	10	
3	触角的观察	指明蝗虫触角的各个部分；说明各种供试实训材料的触角类型	5	
4	胸足的观察	指明蝗虫胸足的各个部分；说明各种供试实训材料的胸足的类型	5	
5	翅的观察	指明蝗虫后翅的三缘、三角、三褶和四区；说明各种供试实训材料前后翅的类型	10	
6	为生殖器的观察	指明蝗虫雌、雄性外生殖器的各个部分，以及蛾类昆虫的抱握器	5	
7	昆虫各个部分的变异	列表说明各种昆虫各种附器的变异类型	30	
8	问题思考与答疑	在整个实训过程中开动脑筋，积极思考，正确回答问题	5	
合　计				

 实训报告

评语				成绩	
		教师签字　　　日期		学时	
姓名		学号		班级	
实训名称		昆虫外部形态及头、胸、腹及其附器类型的观察			

1. 填图标明蝗虫体段及各种附器的名称。

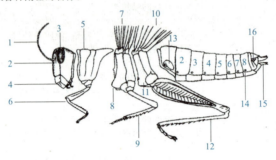

2. 列表说明实训材料中各种昆虫触角、口器、胸足、翅的类型。

序号	昆虫名称	头式类型	触角类型	口器类型	胸足类型	翅的类型

相关知识链接

一、体视显微镜的类型和构造

常用的体视显微镜有连续变倍体视显微镜和转换物镜的体视显微镜两种，它们都由底座、支柱、镜体、目镜套筒及目镜、物镜、调焦螺旋、紧固螺栓、载物盘等组成。

二、体视显微镜的使用方法及注意事项

以 XTL - V 型连续变倍体视显微镜为例（见图 1 - 15），其操作方法如下：

（1）选择合适的照明。

1）打开电源开关，将开关拨至"—"处，使灯泡发亮。

2）选择照明方式，观察透明标本时，选用平玻璃承物板，使用透射照明或落射照明；观察不透明标本时，可选用黑白承物板，使用落射照明或外接光源照明。

3）旋转亮度调节手轮来调节视场亮度。

（2）转动左右目镜筒上的视度调节圈，使其底部边缘与刻线对齐。调整瞳距，消除视差。将标本物放于承物板中央。

图 1-15 XTL-V 型
连续变倍体视显微镜

（3）对被观察体进行照明，将变倍手轮转动到低倍处，确认观察物在视场中央，调节调焦手轮，使视场的图像基本清晰，变倍到高倍再作少许调焦直至视场图像清晰。根据左右眼的视力差来调节目镜上的视度调节圈，使双眼观察到的像的清晰度一致。

三、体视显微镜的保养

（1）体视显微镜为精密光学仪器，不用时必须置于干燥、无灰尘、无酸碱蒸气的地方，特别应做好防潮、防尘、防霉、防腐蚀等保养工作。

（2）使用完毕或暂停使用时，关闭电源，以免仪器内电气元件仍处于工作状态。长期不用时，应将电源插头从电源插座中拔出并妥善保管好传输导线。罩上防尘罩放入仪器箱内。

（3）仪器表面的灰尘，可用清洁的软布擦拭；重的污垢可用中性清洁剂擦洗。镜头灰尘用吹风球吹去或用软刷拭去；重的污垢、指印可用镜头纸或软布蘸少许酒精与乙醚的混合液轻轻擦拭；镜头上的油污可用清洁纱布（或绸布、脱脂棉）蘸少许乙醇擦干净。

昆虫内部器官的观察

·········· （建议 2 课时） ··········

实训目标

（1）解剖仔细观察蝗虫内部器官系统的形态结构，明确结构与机能的辩证关系。

（2）通过观察，掌握昆虫内部器官系统的分布、位置与功能，为有效防治打下基础。

（3）比较不同口器类型的昆虫消化道结构的特点。

（4）通过实训，培养学生观察能力、比较能力和动手的能力。

实训材料和仪器用具

1. 实训材料

蝗虫浸渍标本。

2. 器材

体视显微镜、放大镜、解剖针、镊子、大头针、剪刀、蜡盘、培养皿、蒸馏水、多媒体课件、多媒体教学系统。

任务提出

授课教师把准备好的蝗虫浸渍标本和实训器材分发到每一小组，放在实训台上。布置实训任务：通过解剖认识昆虫内部器官系统的分布、位置和结构，比较不同口器类型的昆虫消化道结构的特点。

任务分析

解剖观察蝗虫内部器官系统的形态结构，掌握昆虫内部器官系统的分布、位置和结构，区别不同口器类型的昆虫消化道结构的特点。

实训内容

（1）昆虫的体腔和内部器官位置观察。

（2）昆虫消化道构造观察。

（3）昆虫呼吸系统构造观察。

（4）昆虫循环器官构造观察。

（5）昆虫神经系统构造观察。

（6）昆虫生殖系统构造观察。

实训要求

（1）要认真、仔细观察，肉眼观察不清楚的，用放大镜或显微镜观察。

（2）注意保护标本，以防损坏。

（3）按质按量完成实训任务。

相关知识回顾

一、昆虫的体腔和内部器官位置

1. 昆虫的体腔

昆虫的体腔又称血腔，由体壁围合而成，血液充满整个体腔。昆虫的整个体腔由上下两层极薄的肌纤维隔膜（背隔和腹隔）分为3个部分，称为血窦。位于消化道背面的背隔与背板之间的空腔，称背血窦，又称围心窦。位于消化道下面的腹隔与腹板间的空腔，称腹血窦，又称围神经窦。背隔与腹隔之间的体腔称围脏窦。昆虫腹部横切面如图2-1所示。

2. 内部器官的位置

昆虫体躯纵剖面如图2-2所示。

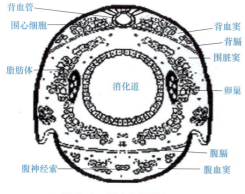

图2-1 昆虫腹部横切面

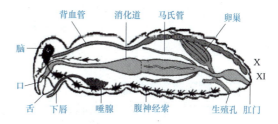

图2-2 昆虫体躯纵剖面

消化道：纵贯于体躯围脏窦的中央，与排泄器官——马氏管相连。

背血管：纵贯背血窦中。

呼吸器官：由许多相通的气管组成，分布在整个体腔中。

腹神经索：位于称腹血窦中。

在昆虫的体腔内除内脏器官外，在体壁和内脏上还着生很多肌肉，构成肌肉系统，专司虫体和内脏的运动。

二、消化系统的构造

昆虫的消化系统包括1条由口至肛门的消化道及与消化有关的延腺。消化道分为前肠、中肠和后肠3部分。前肠由口腔开始到胃盲囊，中肠以胃盲囊到马氏管❶着生处，从马氏管着生处到肛门为后肠。蝗虫的消化道如图2-3所示。

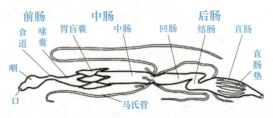

图2-3 蝗虫的消化道

三、呼吸系统的构造

昆虫的呼吸系统由许多富有弹性和一定排列方式的气管组成。气管的主干有两条，纵贯身体的两侧，主干间由横向气管连接，由主干分出许多分支，愈分愈细，最后分成许多微气管，分布到各组织的细胞间。气管在身体两侧的开口为气门，位于中胸、后胸和腹部1~8节两侧各1对。昆虫的呼吸器官如图2-4所示。

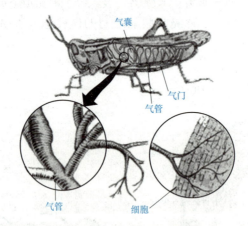

图2-4 昆虫的呼吸器官

四、循环器官的构造

循环器官是一条简单的背血管。背血管分前后两段，前段为管状的大动脉，开口在头的后方；后段是若干个膨大的心室组成心脏。由大动脉和心脏完成昆虫的开放式血液循环。昆虫的背血管如图2-5所示。

---

❶ 马氏管：着生在中、后肠之间，为末端封闭的细长盲管。

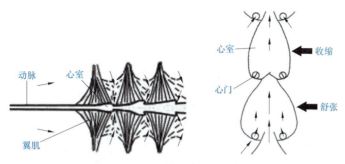

图 2-5　昆虫的背血管

五、 神经系统的构造

昆虫的神经系统主要是中枢神经系统，包括脑、咽下神经节和纵贯全身的腹神经索。脑由前脑、中脑和后脑组成，通神经到复眼、单眼、触角、额和上唇；咽下神经节通神经到口器，支配口器的运动；腹神经索一般有 11 个神经节（见图 2-6），胸部 3 个，腹部 8 个，每个神经节由神经索前后相连。另外，还有通往内脏的交感神经系统和分布在体壁上连接感觉器官的周缘神经系统。

图 2-6　腹神经索

六、 生殖系统的构造

1. 雌性生殖器官的构造

雌性生殖器官由 1 对卵巢、1 对输卵管、藏精囊、生殖腔和附腺等组成，如图 2-7 所示。

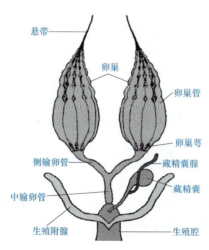

图 2-7　雌性生殖器官

2. 雄性生殖器官的构造

雄性生殖器官由 1 对精巢、1 对输精管、1 对储精囊、射精管和附腺组成，如图 2-8 所示。

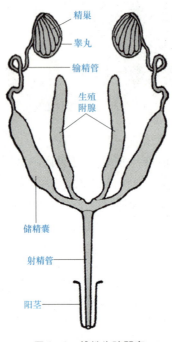

图 2-8　雄性生殖器官

 **任务实施**

步骤一： 昆虫的解剖。

取 1 只蝗虫，先剪去足和翅；然后自腹末沿背中线左侧向前剪开体壁至头部上颚（注意剪动时剪刀尽量上翘，以免损坏内脏）。然后将虫体放入蜡盘内，用镊子分开虫体，用大头针斜插固定，加水浸没虫体，顺次观察各内部器官的位置和结构。

步骤二： 循环系统背血管的观察。

用镊子夹去右侧背壁内面的背隔翼肌，观察背血管的结构，区分动脉和心脏。

步骤三： 呼吸系统的观察。

观察身体两侧自气门开始向内伸达内脏表面及身体各部的白色纤细的气管的结构。

步骤四： 肌肉系统的观察。

观察体壁下、内脏表面，均有肌肉着生，以胸部最为发达。

步骤五： 消化系统及排泄系统马氏管的观察。

观察消化道的位置，纵贯于体腔之中，然后用剪刀剪断咽喉和肛门，抽出消化道观察前中后肠各部分。观察中肠前端突出形成的胃盲囊和中后肠之间游离的马氏管位置和结构。

步骤六： 神经系统的观察。

将消化道和生殖系统去除后，用镊子和解剖针移去腹面的肌肉和脂肪体，观察纵贯于腹面中央的白色呈链状结构的腹神经索位置和结构，胸腹部神经节数。

步骤七： 生殖系统的观察。

观察蝗虫的生殖腺即雌性的卵巢和雄性的精巢的位置和结构。

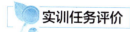 **实训任务评价**

序号	评价项目	评价标准	评价分值	评价结果
1	昆虫解剖	操作规范，方法正确	5	
2	背血管的观察	能指明背血管的位置，区分出动脉和心脏	10	
3	呼吸系统的观察	能指明气门和气管	5	
4	消化道的观察	能指明消化道、区分出前中后肠及各部分	10	
5	马氏管的观察	能指明马氏管，并能说明其着生的位置	5	
6	神经系统的观察	能指明腹神经索，并能说明胸、腹部神经节的数目	5	
7	生殖系统的观察	能指明雌性的卵巢和雄性的精巢的结构，并说明其着生的位置	5	
8	内部器官的构造和位置	能标明蝗虫内部器官各部分的名称	30	
9	绘图	绘图清晰，结构正确	20	
10	问题回答	实训中能开动脑筋，积极思考，正确回答问题	5	
合　计				

 **实训报告**

评语				成绩	
		教师签字	日期	学时	
姓名		学号		班级	
实训名称	昆虫内部器官的观察				

1. 通过观察，填写蝗虫内部器官各个部分的名称。

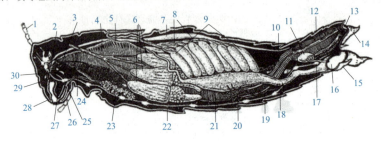

2. 绘制蝗虫消化系统和蛾类雌性生殖系统结构图。

昆虫生物学特性观察

（建议 2 课时）

 实训目标

（1）通过实训，认识全变态和不全变态昆虫不同发育阶段主要类型的形态特征，为学习昆虫分类和识别园林植物害虫打下基础。

（2）通过实训，培养学生观察能力、比较能力和积极思考发现问题的能力。

 实训材料和仪器用具

1. 实训材料

蝗虫、蜻象、菜粉蝶、瓢虫生活史标本，蝗虫、蜻象、菜粉蝶、草蛉、舞毒蛾等昆虫的卵和卵块标本，叶蜂、天蛾、天牛、瓢虫、蝇类等幼虫标本，蝗虫、蟋蟀、蜻、蝉、蚜虫等昆虫的若虫标本，蝶蛾类、金龟甲、天牛、蝇类昆虫蛹的标本，蚜虫、凤蝶、蚧壳虫、白蚁类等成虫的性二型和多型现象的标本。

2. 器材

体视显微镜、放大镜、镊子、解剖针、培养皿、多媒体课件。

 任务提出

授课教师把准备好的各种标本分发到每一小组，放在实训台上。布置实训任务：识别全变态和不全变态昆虫；比较全变态和不全变态昆虫不同发育阶段主要类型的形态特征。

 任务分析

要了解昆虫的生活习性和昆虫分类，必须掌握昆虫的生物学特性和不同变态类型的昆虫不同发育阶段主要类型的形态特征。

 实训内容

（1）昆虫变态类型的观察。

（2）昆虫卵的形态结构观察。

（3）昆虫若虫、幼虫的观察。

（4）昆虫蛹的观察。

（5）昆虫成虫的性二型及多型现象观察。

实训要求

（1）实训前仔细阅读昆虫学特征等相关内容。

（2）要认真、仔细观察供试实训材料，肉眼观察不清楚的，用放大镜或显微镜观察，并做好记录。

（3）注意保护标本，以防损坏。

相关知识回顾

一、昆虫的变态及其类型

昆虫是有变态的动物，在其从卵到成虫的个体发育过程中，除了体积的不断增大外，在外部形态和内部构造上也发生显著的变化，这种现象称为昆虫的变态。昆虫在长期的演变过程中，形成了不同的变态类型，其中最常见的是不完全变态和完全变态。

1. 不完全变态

这类昆虫在其个体发育过程中，只经过卵、若虫和成虫3个阶段。成虫期的特征随着幼期的生长发育而逐步显现。成虫与若虫形态上的差别不大，只是翅、性器官等的发育程度有些不同，如图3-1所示。

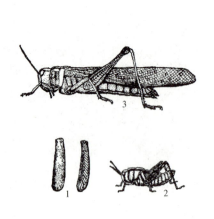

图3-1　不完全变态昆虫

2. 完全变态

这类昆虫在其个体发育过程中，要经过卵、幼虫、蛹和成虫 4 个阶段。完全变态的幼虫不仅外部形态和内部器官与成虫很不相同，在生活习性上也有很大差异。在形态方面除了成虫的触角、口器、眼、翅、足、外生殖器等都以器官芽的形式隐藏在幼虫体壁之下，往往还具成虫没有的附肢或附属物，如管鳃、呼吸器等暂时性器官。所以成虫、幼虫形态极不相似。从幼虫到成虫的转变必须经过一个将幼虫构造改变为成虫构造的虫期即蛹期，如图 3－2 所示。

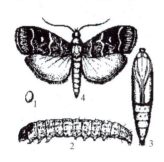    

图 3－2　完全变态昆虫

二、昆虫发育的卵期

卵是昆虫胚胎发育的时期，也是个体发育的第 1 阶段，昆虫的生命活动是从卵开始的，卵自产下后到孵出幼虫（若虫）所经过的时间，称卵期。

1. 卵的结构

昆虫的卵是一个大细胞，最外面是一层坚硬的卵壳，里面是一层薄膜，称为卵黄膜，膜内包藏着大量的营养物质，即卵黄、卵核和原生质。卵壳的前端有极小的受精孔，是精子进入卵内的通道。

2. 卵的形态

不同昆虫卵的形状、大小、颜色、构造各不相同，产卵方式和产卵场所也有差异。有的卵粒散产，有的产成卵块，有的卵块上盖有茸毛、鳞片等保护物，或有特殊的卵囊、卵鞘等。昆虫一般将卵产于植物体的表面或组织中，也有的产在土中、地面或粪便等腐烂物中，如图 3－3 所示。

三、昆虫发育的幼虫期（若虫期）

属于不完全变态的昆虫，自卵孵化为若虫到变为成虫时所经过的时间，称为若虫期；属于完全变态的昆虫，自卵孵化为幼虫到变为蛹所经过的时间，称为幼虫期。

不完全变态昆虫的若虫，口器、复眼、胸足与成虫相同，其翅芽随蜕皮逐渐发育长大。完全变态昆虫的幼虫，外形和成虫截然不同，没有复眼、翅等，而且有成虫期所没有的临时性器官如腹足等。

完全变态昆虫的幼虫期，从虫体构造、体色、形状等外形和生活方式上都与成虫截然不同，变化较大，其共同特点是体外无翅，按其体型和足式可分为下列几种类型，如图 3－4 所示。

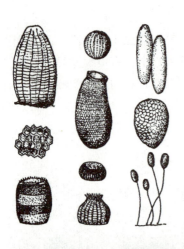
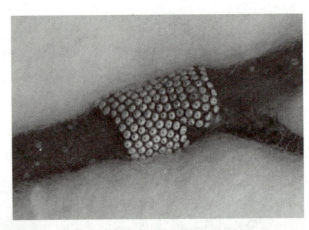

图 3-3　昆虫的卵

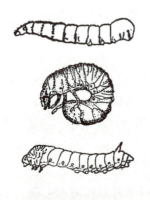
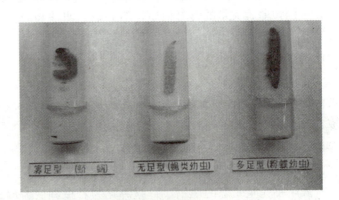

图 3-4　完全变态昆虫的幼虫

四、昆虫发育的蛹期

完全变态昆虫种类不同，蛹的形态也不同，常见的有离（裸）蛹、被蛹和围蛹三种类型，如图 3-5 所示。

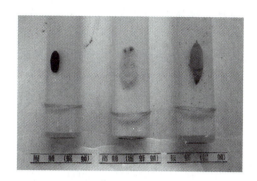

图 3-5　完全变态昆虫的蛹

五、 昆虫成虫的性二型及多型现象

一般昆虫的雌、雄个体外形相似，仅外生殖器不同称为第一性征。有些昆虫雌、雄个体除第一性征外，在触角形状、身体大小、颜色及其他形态上有明显的区别，称为第二性征。这种雌雄两性在形态上明显差异的现象称为性二型或雌雄异型。如蚧壳虫和袋蛾的雄虫有翅，雌虫则无翅；一些蛾类昆虫的触角，雌性为线状，而雄性则为羽毛状。

有些昆虫在同一种群中，除了雌雄异型外，即在同一性别中，还有不同的类型，称为多型现象。如蚜虫有有翅型和无翅型之分；蜜蜂种群中，蜂王和工蜂都属于雌性，而两者体型不同；白蚁种群中有雌雄个体不同的 4 种主要类型。在蜜蜂、白蚁等社会昆虫中，不仅在形态上有差异，而且还有明显的行为差异，甚至有社会分工。白蚁的多型现象如图 3-6 所示。

图 3-6　白蚁的多型现象

任务实施

步骤一：　昆虫变态类型的观察。

观察蝗虫、蝽象、菜粉蝶、瓢虫生活史标本，比较全变态和不全变态昆虫在不同发育阶段各种主要类型的形态特征。

步骤二：　昆虫卵的观察。

比较观察各种昆虫卵的形态、大小、颜色及花纹；散产、聚产、卵块排列的情况，产卵的方式、有关的保护物及在生物学上的意义。

步骤三：　昆虫若虫、幼虫的观察。

（1）观察比较蝗虫、蟋蟀、蝽、蝉、蚜虫等昆虫的若虫和成虫标本。

（2）观察比较瓢虫类、天蛾类、蝇类、金龟甲类、寄生蜂类、螟虫类等幼虫与成虫的显著区别，并注意观察其所属幼虫的类型及特征。

步骤四：　昆虫蛹的观察。

观察比较蝶蛾类、蝇类、金龟甲类、瓢虫类蛹的形态，并注意观察其所属幼虫的类型及特征。

步骤五：　昆虫成虫的性二型及多型现象观察。

观察比较蚜虫、尺蛾、袋蛾、蚧壳虫类、白蚁类等昆虫成虫的性二型及多型现象的标本。

 **实训任务评价**

序号	评价项目	评价标准	评价分值	评价结果
1	昆虫变态类型的观察	正确识别昆虫不完全变态和完全变态联众类型，并能说明其特点	20	
2	昆虫卵的观察	能识别昆虫卵的外部形态特征和昆虫的产卵方式	10	
3	昆虫若虫、幼虫的观察	能正确认识昆虫若虫和幼虫的不同类型，了解昆虫的若虫期和幼虫期对园林植物的危害及与防治的关系	40	
4	昆虫蛹的观察	能正确认识昆虫蛹的不同类型，了解昆虫化蛹的场所和与防治的关系	10	
5	昆虫成虫的性二型及多型现象观察	能正确识别昆虫成虫的性二型及多型现象	10	
6	问题思考与答疑	在整个实训过程中开动脑筋，积极思考，正确回答问题	10	
合　计				

**实训报告**

评语			成绩	
			学时	
	教师签字	日期		
姓名		学号		班级	

实训名称	昆虫生物学特性观察

1. 比较不全变态类和全变态类昆虫的相同点和不同点。

2. 写出供试实训标本中昆虫的变态类型。

序号	昆虫名称	变态类型	序号	昆虫名称	变态类型

3. 写出所供实训标本中昆虫的卵、幼虫和蛹各属于何种类型。

序号	昆虫名称	卵的类型	幼虫的类型	蛹的类型

昆虫分类识别

（建议 6 课时）

实训目标

（1）通过实训，认识直翅目、等翅目、半翅目、同翅目、缨翅目的基本特征、分类特征和生物学特性，了解各目代表科成虫、若虫的主要特征和区别。

（2）通过实训，掌握鞘翅目、鳞翅目的特征，两个亚目的区别特征，主要代表科的识别要点及其相互区别。

（3）掌握膜翅目、双翅目、脉翅目及亚目和主要代表科的特征及其相互区别，认识蛛形纲、蜱螨日的主要特征。

（4）通过实训，培养学生观察能力和比较能力。

实训材料和仪器用具

1. 实训材料

等翅目的鼻白蚁科、白蚁科；直翅目的蝗科、螽斯科、蟋蟀科、蝼蛄科；缨翅目的蓟马科、烟蓟马科；半翅目的蝽科、网蝽科、猎蝽科、缘蝽科、盲蝽科；同翅目的蝉科、蜡蝉科、叶蝉科、木虱科、粉虱科、蚜科、粉蚧科、盾蚧科、蜡蚧科、绵蚧科；鞘翅目步甲科、金龟甲科、小蠹科、吉丁甲科、叩头甲科、瓢甲科、天牛科、叶甲科、象甲科；鳞翅目的弄蝶科、粉蝶科、凤蝶科、蛱蝶科、木蠹蛾科、枯叶蛾科、毒蛾科、舟蛾科、尺蛾科、刺蛾科、灯蛾科、斑蛾科、蓑蛾科、夜蛾科、螟蛾科、透翅蛾科、卷蛾科、天蛾科、潜蛾科；膜翅目的叶蜂科、姬蜂科、小蜂科、赤眼蜂科、蜜蜂科；双翅目的瘿蚊科、食蚜蝇科、种蝇科、潜蝇科、寄生蝇科；脉翅目的草蛉科等各科的分类示范标本。

2. 器材

体视显微镜、放大镜、镊子、挑针、载玻片、解剖针、培养皿、多媒体课件。

任务提出

授课教师将各主要目、科的昆虫标本分发给各小组，通过初步观察，要求学生能熟练地根据昆虫的外部特征准确识别昆虫，为害虫防治打下基础。

 任务分析

因昆虫种类繁多，要通过昆虫的外部形态和各附翅的结构和类型正确识别主要目科的昆虫。

 实训内容

（1）观察供试分类示范标本，识别各目重要科的昆虫。

（2）等翅目及科的昆虫主要形态特征的观察。

（3）直翅目及科的昆虫主要形态特征的观察。

（4）缨翅目及科的昆虫主要形态特征的观察。

（5）半翅目及科的昆虫主要形态特征的观察。

（6）同翅目及科的昆虫主要形态特征的观察。

（7）鞘翅目及重要科的昆虫主要形态特征的观察。

（8）鳞翅目及重要科的昆虫主要形态特征的观察。

（9）膜翅目及科的昆虫主要形态特征的观察。

（10）双翅目及科的昆虫主要形态特征的观察。

（11）脉翅目及科的昆虫主要形态特征的观察。

 实训要求

（1）实训前要认真复习昆虫主要目、科特征的相关内容。

（2）观察中应仔细比较认识主要目、科的昆虫外部形态和附器的特征及类型，并能较熟练地识别各主要目、科的昆虫，为害虫防治打下基础。

（3）观察中要细致、耐心，并能较好地掌握体视纤维镜的使用技巧。

（4）实训中要爱护标本及用具，不得随意损坏。

相关知识回顾

一、等翅目

等翅目的昆虫通称为白蚁。体小型至中型，体色大多为白色或淡黄色。触角念珠状，口器咀嚼式。有长翅、短翅和无翅类型，有翅者翅为2对，膜质，长形，前后翅大小、形状和脉纹均相似。翅基部有一条肩缝，翅常沿肩缝处脱落，而留下一个鳞状残翅称为翅鳞。足粗短，跗节4～5节，渐变态，为多型社会性昆虫。

二、直翅目及主要科的昆虫

直翅目包括蝗虫、蟋蟀、蝼蛄、螽斯等。体中型至大型。头下口式，口器咀嚼式，复眼发达，通常具单眼 3 个，触角丝状，少数剑状。前胸发达，中后胸愈合。有翅或无翅，前翅狭长，为复翅，后翅膜质，停息时呈折扇状纵折于前翅下。后足为跳跃足或前足为开掘足；跗节 2～4 节。腹部一般 11 节，尾须 1 对，雌虫多具发达的产卵器，呈剑状、刀状或凿状。雄虫通常有听器或发音器。渐变态。产卵在土中或植物组织中，多以卵越冬，1 年 1 代或 2 代，或 2～3 年 1 代。主要生活在地面、土中及树上等处，多数植食性。危害植物的主要是蝗虫科、蟋蟀科、蝼蛄科、螽斯科的昆虫。

三、缨翅目及主要科的昆虫

通称为蓟马。微小型，长 1～2mm，触角丝状或念珠状，6～9 节。口器锉吸式，左上颚发达，右上颚退化。前后翅狭长，膜质，翅脉稀少或消失，翅缘密生缨毛，故称缨翅目。足末端具泡状中垫，爪退化。雌虫产卵器锯状、柱状或无产卵器。过渐变态，雄虫少，大多数种类进行孤雌生殖。多为植食性，少数为捕食性。危害植物的主要有蓟马科、烟蓟马科的昆虫。

四、半翅目及主要科的昆虫

通称蝽象。体小至大型，体略扁平，近圆形、椭圆形或长条形。复眼发达，单眼 2 个或无；触角 3～5 节；口器刺吸式，下唇延长形成分节的喙，喙通常 4 节，也有 3 节或 1 节的，从头部的前端伸出。前胸背板大，中胸小盾片发达。翅 2 对，前翅基半部增厚，革质，端半部膜质，基半部由革片和爪片组成，少数种类还有楔片，端半部为柔软的膜区；后翅膜质。多数种类在后胸侧板近中足基节处有臭腺孔。跗节一般 3 节。渐变态。多为植食性，少数为捕食性。危害观赏植物，刺吸其茎、叶、花或果实的汁液。主要有蝽科、缘蝽科、网蝽科等的昆虫。

五、同翅目及主要科的昆虫

同翅目包括蝉、叶蝉、蚜虫、蚧壳虫等。体微小型至大型。复眼多发达，单眼 2～3 个或无。触角刚毛状或丝状。口器刺吸式，从头的后方伸出，喙通常 3 节，也有 2 节或 1 节的。翅 2 对，前翅革质或膜质，后翅膜质，静止时平置于体背上呈屋脊状，有的种类无翅。雄蚧后翅退化成平衡棒，雌蚧无翅。多数种类有分泌蜡质或蚧壳状覆盖物的腺体。渐变态，而粉虱及雄蚧为过渐变态。两性生殖或孤雌生殖。植食性，刺吸植物汁液，造成生理损伤，并可传播病毒或分泌蜜露，引起煤污病。危害植物的主要有蝉科、叶蝉科、蜡蝉科、木虱科、粉虱科、蚜科、蚧总科等的昆虫。

六、鞘翅目及主要科的昆虫

通称甲虫，是昆虫纲中最大的目。体微小至大型，体壁坚硬。头部明显，复眼发达，一般无单眼。触角一般 11 节，形状多样，有丝状、念珠状、锯齿状、棍棒状、膝状、鳃片状等。口器咀嚼式。前胸背板发达，中胸小盾片外露。前翅坚硬，角质称为鞘翅，起保护作用，后翅膜质。跗节数目变化很大，可以归纳成为不同跗式：金龟甲、叩头甲等跗节 5 节，其跗式为 5-5-5；天牛、叶甲、象甲等跗节 5 节，但第 4 节很小，甚至看不清楚，故称"似为 4 节"。瓢虫等跗节 4 节，但第 3 节很小，称"似为 3 节"。腹部一般 10 节，有的则减少。

完全变态。幼虫寡足型或无足型，口器咀嚼式，有胸足 3 对，单眼 1～6 对。幼虫形态变异较大，根据外形可分为肉食甲型、金针虫型、伪蠋型、蛴螬型、象甲型、钻蛀型。蛹多为离蛹。有植食性、捕食性或腐食性。主要有步甲科、瓢甲科、叶甲科、天牛科、金龟甲科、象甲科和小蠹科等的昆虫。

七、鳞翅目及主要科的昆虫

鳞翅目包括蝶类和蛾类。此目成虫体小至大型，翅展 3～265mm。复眼大形，有单眼 2 个或无。触角细长多节，蛾类中有丝状、节状、羽毛状等；蝶类则为球杆状。口器虹吸式，上颚退化，喙由下颚的外颚叶形成，不用时卷曲于头下。许多蛾类成虫不取食，口器退化。

胸部发达，胸节愈合。跗节 5 节。翅一般 2 对，发达，少数退化无翅。前后翅均为膜质，翅面覆盖鳞片。翅面上常有各种斑纹和线纹。蛾类、蝶类翅脉的特点是纵脉不超过 15 条，前后均有 1 个中室，横脉少，中室由经脉与肘脉组成前后 2 个边。中脉的主干退化或消失而形成，外边由中脉分支以及横脉组成。

前后翅的连锁，是以连锁器使两翅飞行动作一致，连锁方式有翅轭型、翅缰型、翅褶型和翅抱型。

幼虫多足型，体圆柱形，柔软。

头部坚硬多圆形，蜕裂线呈倒 Y 形，位于头前中央，是幼虫蜕皮时首先裂开的地方。唇基一般为三角形，额与唇间有"Λ"形的额唇基缝。在头两侧近下方，各具 6 个单眼。触角 3 节，位于单眼下侧方。咀嚼式口器。

胸部 3 节，分节明显，具有 3 对胸足。

腹部 10 节，第 10 节背面有 1 骨化的臀板，腹部气门 8 对，位于第 1～8 腹节上，腹部一般有腹足 5 对，生于第 3～6 和第 10 腹节上，第 10 腹节上的又称为臀足。腹足有时减少，只具 1 对、退化或无足。腹足端部常具趾钩，排列成各种形式，是幼虫分科的重要特征之一。幼虫的胴部常有明显的花纹或纵纹，可作为识别种的辅助特征。幼虫体表常具各种外披物，有刚毛、毛片、毛突、毛瘤、毛簇、刺等。

鳞翅目昆虫的蛹主要为被蛹，蛹体可明显分为头、胸、腹 3 部分。

鳞翅目昆虫属于完全变态。大多为植食性。成虫取食花蜜，一般不直接危害植物，且有助于植物的授粉。幼虫阶段为危害期，主要以幼虫食叶、卷叶、蛀茎、蛀果等。蝶类在白天活动，蛾类大部分晚间活动，有趋光性。

八、膜翅目及主要科的昆虫

膜翅目昆虫通称蜂、蚁。体微小至中型，头大而灵活。复眼发达，单眼 3 个或无。触角一般多于 10 节，且较长，有丝状、膝状等。口器咀嚼式或嚼吸式。前胸小。翅两对，膜质，翅脉少。跗节 5 节，有的足特化为携粉足。腹部第 1 节常与后胸连接，胸腹间常形成细腰。雌虫产卵器发达，高等种类形成针状构造。完全变态。幼虫多足型、寡足型和无足型等。蛹为离蛹。捕食性、寄生性或植食性。本目根据有无并胸腹节和腹柄分为广腰亚目和细腰亚目。

九、双翅目及主要科的昆虫

双翅目包括蚊、虻、蝇。微小至大型。头活动自如，复眼大，单眼 3 个或无。触角

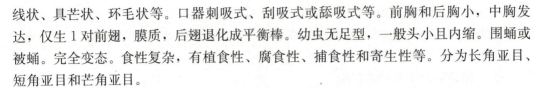

线状、具芒状、环毛状等。口器刺吸式、刮吸式或舔吸式等。前胸和后胸小，中胸发达，仅生1对前翅，膜质，后翅退化成平衡棒。幼虫无足型，一般头小且内缩。围蛹或被蛹。完全变态。食性复杂，有植食性、腐食性、捕食性和寄生性等。分为长角亚目、短角亚目和芒角亚目。

十、脉翅目及主要科的昆虫

脉翅目昆虫体小至大型，头很活动，触角丝状、念珠状、梳齿状或棒状。口器咀嚼式。前后翅膜质，大小和形状均相似，翅脉多，呈网状，在边缘处多分叉，少数种类翅脉少，常有翅痣。跗节5节。

完全变态，幼虫寡足型，行动活泼。成、幼虫均为捕食性，可捕食蚜虫、蚧壳虫、木虱、粉虱、叶蝉、蛾类幼虫及卵、叶螨等，多数为重要的益虫。主要有草蛉科。

 **任务实施**

步骤一： 观察供试分类示范标本，识别各目重要科的昆虫。

观察等翅目、直翅目、缨翅目、半翅目、同翅目、鞘翅目、鳞翅目、膜翅目、双翅目、脉翅目等的分类示范标本，识别各目重要科的昆虫。

步骤二： 等翅目及科的昆虫主要形态特征的观察。

对比观察等翅目鼻白蚁科、白蚁科触角的形状、翅的形状及质地、口器类型，找出两科的主要区别。

步骤三： 直翅目及科的昆虫主要形态特征的观察。

对比观察直翅目蝗科、螽斯科、蟋蟀科、蝼蛄科的主要特征与区别。注意四科昆虫的触角的形状和长短、翅的质地和形状、口器类型、前足和后足的类型、产卵器的构造和形状、听器的位置及形状、尾须形态，并找出各科发音器的位置。

步骤四： 缨翅目及科的昆虫主要形态特征的观察。

在体视显微镜下对比观察缨翅目的蓟马科、烟蓟马科的成虫玻片标本，注意其体形、触角类型、翅的形状及有无斑纹、产卵器的形状等。

步骤五： 半翅目及科的昆虫主要形态特征的观察。

对比观察半翅目蝽科、网蝽科、盲蝽科及其他供试蝽类昆虫的形态特征，注意观察其头式、口器、触角类型、单眼有无，前胸背板及中胸小盾片的位置及形状，前翅的质地、分区及翅脉的形状，臭腺孔开口部位等。

步骤六： 同翅目及科的昆虫主要形态特征的观察。

对比观察同翅目的蝉科、木虱科、粉虱科、蚜科、蚧科及其他科的昆虫触角的类型、口器的结构、喙的着生位置，前后翅的质地、休息时翅的状态、前后足的类型、后足胫节末端有无大距，蝉的发音位置，蚜虫的腹管位置及形状，蚧壳虫的雌雄蚧壳形状及虫体的形状等。

步骤七： 鞘翅目及重要科的昆虫主要形态特征的观察。

对比观察鞘翅目步甲科、金龟甲科、小蠹科、吉丁甲科、叩头甲科、瓢甲科、天牛科、叶甲科、象甲科昆虫前后翅的质地，口器类型，触角类型和节数，足的类型和各足跗节数目，幼虫的类型及特征。并仔细观察步行甲和金龟甲腹部第一节腹节腹板被后足基节窝分割情况及象甲的管状头。

步骤八：　鳞翅目及重要科的昆虫主要形态特征的观察。

对比观察鳞翅目蛾类与蝶类昆虫的主要形态区别，观察这两类昆虫的喙，翅的质地、鳞片、斑纹、形状。对比观察弄蝶科、粉蝶科、凤蝶科、蛱蝶科、木蠹蛾科、枯叶蛾科、毒蛾科、舟蛾科、尺蛾科、刺蛾科、灯蛾科、斑蛾科、蓑蛾科、夜蛾科、螟蛾科、透翅蛾科、卷蛾科、天蛾科、潜蛾科等科成虫体型，触角形状，翅的形状及颜色斑纹。观察个科昆虫幼虫的形态、大小、有无腹足及趾钩的着生情况，幼虫身上有无毛瘤、枝刺，有无臭腺、毒腺及其着生位置等。

步骤九：　膜翅目及科的昆虫主要形态特征的观察。

对比观察膜翅目的细腰亚目与广腰亚目成虫的主要形态区别，观察叶蜂科、姬蜂科、小蜂科、赤眼蜂科、蜜蜂科等成虫的触角的形状、口器类型、翅脉变化的情况，以及产卵器的形状。观察这几个科幼虫的形态、大小及腹足的有无和腹足数目。观察叶蜂类害虫的为害状。

步骤十：　双翅目及科的昆虫主要形态特征的观察。

对比观察双翅目的瘿蚊科、食蚜蝇科、种蝇科、潜蝇科、寄生蝇科等成虫的触角、口器的类型，前翅和后翅变成的平衡棒的形态，观察幼虫形态及大小情况。

步骤十一：　脉翅目及科的昆虫主要形态特征的观察。

观察脉翅目的草蛉成虫的体形、体色、触角类型及长短、复眼色泽，幼虫的体形、头式及口器类型。

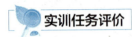 **实训任务评价**

序号	评价项目	评价标准	评价分值	评价结果
1	观察供试分类示范标本，识别各目重要科的昆虫	能正确识别主要目重要科的昆虫	20	
2	等翅目及科的昆虫主要形态特征的观察	通过外部形态特征，能正确识别等翅目及科的昆虫	5	
3	直翅目及科的昆虫主要形态特征的观察	通过外部形态特征，能正确识别直翅目及四个主要科的昆虫	5	
4	缨翅目及科的昆虫主要形态特征的观察	通过体视显微镜观察外部形态特征，能正确识别缨翅目及主要科的昆虫	5	
5	半翅目及科的昆虫主要形态特征的观察	通过体视显微镜或放大镜观察外部形态特征，能正确识别半翅目及主要科的昆虫	10	
6	同翅目及科的昆虫主要形态特征的观察	通过体视显微镜或放大镜观察外部形态特征，能正确识别同翅目及主要科的昆虫	10	
7	鞘翅目及重要科的昆虫主要形态特征的观察	通过体视显微镜或放大镜观察外部形态特征，能正确比较识别鞘翅目、两个亚目及主要科的昆虫	10	
8	鳞翅目及重要科的昆虫主要形态特征的观察	通过体视显微镜或放大镜观察外部形态特征，能正确比较识别鳞翅目、两个亚目及主要科的昆虫	15	
9	膜翅目及科的昆虫主要形态特征的观察	通过体视显微镜或放大镜观察外部形态特征，能正确识别膜翅目、两个亚目及主要科的昆虫	5	
10	双翅目及科的昆虫主要形态特征的观察	通过体视显微镜或放大镜观察外部形态特征，能正确识别双翅目、三个亚目及主要科的昆虫	5	
11	脉翅目及科的昆虫主要形态特征的观察	通过放大镜观察外部形态特征，能正确识别脉翅目及主要科的昆虫	5	
12	问题思考与答疑	在整个实训过程中开动脑筋，积极思考，正确回答问题	5	
合　计				

 **实训报告**

评语				成绩	
	教师签字　　　　日期			学时	
姓名		学号		班级	
实训名称	昆虫分类识别				

1. 将供试标本按分科特征鉴定出所属科目。

2. 列检索表区别各目科供试标本。

3. 列表比较各目主要科的特征。

相关知识链接

一、昆虫分类检索表（以与园林生产密切相关的8个目为例）

（一）昆虫分类双项式检索表

1. 口器咀嚼式或嚼吸式 ……………………………………………………… 2

   口器非咀嚼式、嚼吸式 …………………………………………………… 5

2. 前后翅质地相同均为膜质 ………………………………………………… 3

   前翅皮革质或角质，后翅膜质 …………………………………………… 4

3. 前后翅形状、大小、脉纹均很相似，有翅鳞，无连锁器-等翅目前翅大，后翅小，以翅钩连锁 ………………………………………………………… 膜翅目

4. 前翅为皮革质，后翅膜质，前足开掘足或后足跳跃足 ………………… 直翅目

   前翅角质，后翅膜质 ……………………………………………………… 鞘翅目

5. 口器为刺吸式 ……………………………………………………………… 6

   口器为虹吸式或锉吸式或舐吸式 ………………………………………… 7

6. 前翅质地均一，口器从头后方生出 ……………………………………… 同翅目

   前翅基半部角质端半部膜质，口器从头前方生出 ……………………… 半翅目

7. 口器为虹吸式，前后翅为鳞翅 …………………………………………… 鳞翅目

   口器为锉吸式或舐吸式 …………………………………………………… 8

8. 前后翅为缨翅，口器为锉吸式 …………………………………………… 缨翅目

   前翅膜质，后翅特化为平衡棒 …………………………………………… 双翅目

（二）昆虫分类单项式检索表

1 (8) 口器咀嚼式或嚼吸式

2 (5) 前后翅质地相同均为膜质

3 (4) 前后翅形状、大小、脉纹均很相似，有翅鳞，无连锁器 …………… 等翅目

4 (3) 前翅大，后翅小，以翅钩连锁 ………………………………………… 膜翅目

5 (2) 前翅皮革质或角质，后翅膜质

6 (7) 前翅为皮革质，后翅膜质，前足开掘足或后足跳跃足 ……………… 直翅目

7 (6) 前翅角质，后翅膜质 …………………………………………………… 鞘翅目

8 (1) 口器非咀嚼式、嚼吸式

9 (12) 口器为刺吸式

10 (11) 前翅质地均一，口器从头后方生出 ……………………………… 同翅目

11 (10) 前翅基半部角质端半部膜质，口器从头前方生出 ……………… 半翅目

12 (9) 口器为虹吸式或刮吸式或舐吸式

13 (14) 口器为虹吸式，前后翅为鳞翅 …………………………………… 鳞翅目

14 (13) 口器为锉吸式或舐吸式

15（16）前后翅为缨翅，口器为锉吸式 ･････････････････････････ 缨翅目

16（15）前翅膜质，后翅特化为平衡棒 ･････････････････････････ 双翅目

二、蜘蛛类

蜘蛛属于节肢动物门，蛛形纲，蜘蛛目。

蜘蛛是一类重要的捕食性天敌，为小型或中型动物，其形态特征与昆虫明显不同，身体分为头胸部和腹部，两者间有1腹柄相连。头胸部通常具8个单眼，无复眼。有1对触肢和1对螯肢。有步足4对。无翅。腹部一般不分节。有独特的纺丝器，可抽丝布网、结巢、作卵囊等。

蜘蛛的发育为不完全变态，个体发育经过卵-幼蛛-成蛛3个阶段。每年发生的世代数因种类不同而异，一年1代、2代或多代。蜘蛛为两性卵生繁殖，于春末夏初交尾、产卵。蜘蛛产卵时，常常成各种类型的乱囊。卵产于囊中或产卵后以蜘丝覆盖。卵量多少不一，少的约20粒，多者达1000粒。幼蛛孵化后并不立即取食。从幼蛛到成蛛须经几次脱皮，脱皮次数与种类和外界环境条件有关，一生4～20次不等，脱去最后一次皮即变成成蛛。

蜘蛛为肉食性，主要取食昆虫。如圆蛛、长脚蛛可吐丝结网，捕食各种飞行昆虫；狼蛛、草间小黑蛛、盗蛛、跳蛛、管巢蛛等能捕食蚜虫、叶蝉、飞虱及各种鳞翅目的幼虫。

三、螨类

螨类属于节肢动物门蛛形纲蜱螨目，在自然界分布很广。刺吸园林植物汁液，引起叶片变色、脱落；使柔嫩组织变形，形成虫瘿。螨类和蜘蛛、昆虫相似。其主要区别见表4-1。

表4-1　　　　　　　　　　　昆虫、蜘蛛、螨类的主要区别

构造	昆虫	蜘蛛	螨类
体躯	分头、胸、腹三部分	分头胸部和腹部两部分	头、胸、腹愈合，不易区分
触角	有	无	无
足	3对	4对	4对，少数2对
翅	多数有翅1～2对	无	无

1. 形态特征

体型微小，圆形或卵圆形。头胸部和腹部愈合，分节不明显。一般有4对足，少数种类只有2对足。一般分为颚体段、前肢体段、后肢体段和末体段4个体段。颚体段即头部，由1对螯肢和1对须肢组成口器。口器分为刺吸式和咀嚼式两种。刺吸式口器的螯肢特化为针状，称为口针。咀嚼式口器的螯肢呈钳状，能活动，可咀嚼食物。前肢体段着生前面2对足，后肢体段着生后面2对足，又合称为肢体段。末体段即腹部，肛门和生殖孔着生其腹面。

2. 生物学特性

螨类一生分为卵、幼螨、若螨、成螨4个阶段。雌性的若螨又分为第一若螨和第二

若螨两个时期。幼螨有足 3 对，若螨和成螨有足 4 对。多为两性生殖，个别为孤雌生殖。有植食性、捕食性和寄生性种类等。

3. 与农业生产关系密切的螨类

（1）叶螨科。体微小，梨形，雄螨腹末尖。体多为红色、暗红色、黄色或暗绿色。口器刺吸式。植食性，以成、若螨刺吸植物叶片汁液为主，有的能吐丝结网。如山楂叶螨、柑橘红蜘蛛等。

（2）叶瘿螨科。体微小，狭长，蠕虫形，具环纹。仅 2 对足，位于前肢体段。口器刺吸式。主要危害植物叶片。如柑橘锈壁虱等。

四、软体动物

危害园林植物的软体动物主要是蜗牛和蛞蝓。它们是一类比昆虫低等的无脊髓动物，在分类地位上属于软体动物门腹足纲肺螺亚纲柄眼目。

软体动物的主要特征：

（1）体分为头、足和内胀囊 3 部分。

（2）头部发达而长，有 2 对可翻转缩入的触角。前触角作嗅觉用，眼生于后触角顶端。

（3）足位于身体的腹侧，左右对称，故称腹足纲。

（4）通常有外套膜分泌形成的贝壳 1 枚，但有的退化或缺失。

（5）口腔有腭片和发达的齿舌，不同的种类其形态差异很大。

（6）无鳃，在外套膜壁密生血脉网，营呼吸，故称肺螺亚纲。绝大多数种类生活在陆地上。

（7）雌雄同体，生殖孔为共同孔。生殖方式为卵生。

危害园林植物的蜗牛主要有同型巴蜗牛和灰巴蜗牛两种，均为植食性。可危害豆科、十字花科、茄科等多种园林植物。以食叶为主。初孵幼贝仅食叶肉，留下表皮，稍大后用齿舌刮食叶、茎，造成孔洞或缺刻，严重者可将幼苗咬断，造成缺苗，是多种园林植物苗期害虫之一。

危害园林植物的蛞蝓主要是野蛞蝓。植食性，食性很广。可危害十字花科、茄科、豆科等多种园林植物。受害叶片被刮食，并被排留的粪便污染，导致菌类侵入，使植物腐烂。在北方塑料大棚内常有发生。

园林植物病害主要症状类型观察

（建议 2 课时）

实训目标

（1）通过实训，识别园林植物病害各种症状类型，掌握每种症状类型的特点，学会准确区分病状和病症。

（2）认识到园林植物病害多，症状复杂，易于混淆难以区别等特点。

（3）同时了解各类病原物所致植物病害症状的异同点，为学习和掌握植物病害的诊断技术奠定基础。

（4）通过实训，培养学生观察能力、比较能力和发现问题的能力。

实训材料和仪器用具

1. 实训材料

病害症状标本：选用当地园林植物不同症状类型的新鲜、干制或浸渍标本。如月季黑斑病、狭叶十大功劳白粉病、竹叶锈病、大叶黄杨炭疽病、桂花叶枯病、海桐叶斑病、紫荆角斑病、山茶病毒病、月季花叶病、美人蕉花叶病、桃缩叶病、山茶藻斑病、栀子黄化病、桃干腐病、柑橘溃疡病、樱花穿孔病、牵牛花白锈病、牡丹灰霉病、榕树煤污病、君子兰细菌性软腐病等。

2. 器材

放大镜、生物显微镜、镊子、挑针、挂图、多媒体课件、多媒体教学系统。

任务提出

授课教师把准备好的各种标本分发到每一小组，放在实训台上。布置实训任务：园林植物病害标本按病状和病症进行分类，并指出分类的依据（症状特点）。

任务分析

要区别园林植物病害不同的病状和病症类型，首先必须掌握园林植物病害病状及病症有哪些类型及其症状特点。

实训内容

（1）园林植物病状类型的观察。

（2）园林植物病症类型的观察。

实训要求

（1）实训前仔细阅读园林植物病状等相关内容。

（2）观察前先掌握生物显微镜的使用方法。

（3）要认真、仔细观察供试实训材料，肉眼观察不清楚的，用放大镜或显微镜观察，并做好记录。

（4）注意保护标本，以防损坏。

（5）按质按量完成实训任务。

相关知识回顾

一、植物病害的症状

植物病害的症状：植物感病后，经过一定的病理程序，最后表现出的异常变化状态。植物病害的症状由两类不同性质的特征——病状和病征组成。

病状：发病植物本身表现出的不正常状态。

1. 病状类型（见图 5-1）

（1）变色。园林植物病部细胞内的叶绿素形成受到抑制或被破坏，其他色素形成过多，从而表现出不正常的颜色。常见的有褪绿、黄化、花叶、白化及红化等，如君子兰黄化病、杜鹃黄化病、月季花叶病、美人蕉花叶病、唐菖蒲条斑病毒病。

1）褪绿：叶片因叶绿素的均匀减少变为淡绿或黄绿。

2）黄化：叶绿素形成受到全部均匀抑制或被破坏，使整叶均匀发黄。

3）花叶：叶片局部细胞的叶绿素减少使叶片绿色浓淡不均，呈现黄绿相间或浓绿与浅绿相间的斑驳，有时还使叶片凹凸不平。是病毒病害最常见的病状，无病征表现。

（2）坏死。植物病部（局部）细胞和组织死亡，但不解体（植物结构不变）。典型坏死病状有斑点、穿孔、炭疽、疮痂、溃疡。根据斑点上呈现轮纹、花纹、小黑点等特点可分为黑斑、褐斑、紫斑、角斑、条斑、大斑、小斑、轮纹斑等，如月季黑斑病、葡萄霜霉病、桂花叶斑病、大叶黄杨炭疽病、海桐叶斑病、山茶炭疽病等。

（3）腐烂。腐烂由病组织的细胞坏死并消解而形成。根据失水的快慢又可分为干腐和湿腐。

1）立枯：幼苗根或茎腐烂后直立死亡。

2）猝倒：幼苗根或茎腐烂后，地上部分迅速倒伏。

3）溃疡：木本植物枝干皮层坏死、腐烂，使木质部外露的病状。

变色　　　　　　　　　　　　坏死

腐烂　　　　　　　　　　　　萎蔫

畸形　　　　　　　　　　　　流胶

图5-1　园林植物病害症状

　　常见的病害有鸡冠花茎腐病、一串红立枯病、君子兰细菌性软腐病、水仙花鳞茎基腐病、海棠腐烂病、仙人掌基腐病等。

　　（4）萎蔫。指植株局部或整体由于失水使枝、叶萎垂的现象。

　　1）病理性萎蔫：由于输水组织受到病原物的毒害或破坏所致。

　　2）生理性萎蔫（干旱）：常发生在高温强光照条件下，由于植物蒸腾失水速率大于根系吸水的速率而引起。早晚可恢复的称暂时性萎蔫，出现后不能恢复的称永久性萎蔫。

　　3）病理性萎蔫：枯萎、黄萎、青枯，如鸡冠花枯萎病、大丽花枯萎病、大丽花青枯病等。

（5）畸形。植物细胞组织受到病原物的刺激，发生病变而导致各种畸形病状。如叶片的膨肿、皱缩、小叶、蕨叶；果实的缩果及其他畸形；植株的徒长、矮缩；局部器官的退化、变态形成的扁枝、肿瘤、癌肿、虫瘿；病株枝叶或须根密集发生形成的簇生、丛枝或发根等。如杜鹃叶肿病、枣疯病、桃缩叶病、根癌病、泡桐丛枝病、百合花叶病、凤仙花病毒病等。

（6）流胶或流脂。感病植物细胞分解为树脂或树胶自树皮流出，称为流脂或流胶病，如桃树流胶病。

2. 病征类型（见图5-2）

絮状物　　　　　　　　　　粉状物

点粒状物　　　　　　　　　　锈状物

霉状物　　　　　　　　　　脓胶状物

图5-2　园林植物病害病症

病征：病原物在发病部位表现出的特征。常见于真菌和细菌病害，是鉴定病原和诊断病害的重要依据之一。

注意：①病征多在植物发病后期出现；②气候潮湿有利于病征的形成。

（1）霉状物。真菌性病害常见的病征，由各种真菌的菌丝、孢子梗及孢子所构成，霉层的颜色、形状、结构、疏密等特点的差异，标志着病原真菌种类的不同。如霜霉、绵霉、黑霉、灰霉、绿霉、青霉等，常见病害有葡萄霜霉病、草坪灰霉病、万寿菊灰霉病、郁金香青霉病、小叶女贞煤污病等。

（2）粉状物。某些真菌孢子在病部所表现的特征，因形状、色泽的不同，可分为锈状物、白锈状物、白粉状物、黑粉状物等，如月季、黄杨白粉病。

（3）粒状物。病原真菌繁殖器官的表现，褐色或黑色，在病斑中散生颗粒状物，有的排列成轮纹状。如白粉病、腐烂病、炭疽病病部的黑色粒点状物等。

1）着生在寄主表皮下，部分露出：分生孢盘、分生孢子器、子囊壳、子座。

2）着生在寄主表面：闭囊壳。

（4）锈状物。病部表面形成一个个疱状物，破裂后散出白色或铁锈色粉状物。

（5）霉状物。病原真菌感染植物后，其营养体和繁殖体在病部产生各种颜色的霉层，如霜霉、青霉、黑霉等。

（6）脓胶状物。多数细菌性病害在潮湿时病部溢出污色黏液，干燥时结成污白色薄层或鱼籽状小胶粒，也称溢脓、菌胶。如细菌性软腐病、角斑病等。

任务实施

步骤一： 任选一种标本或图片进行观察，然后归类并填在表5-1中。

表5-1

序号	病害名称	病状	特点	病症	特点

步骤二： 按照病状和病症类型选取标本或图片进行观察并填在表5-2中。

表5-2

病状类型	特点	病害名称	病状类型	特点	病害名称
变色			霉状物		
坏死			粉状物		
腐烂			粒状物		
萎蔫			菌核与菌索		
畸形			脓胶状物		
流胶或流脂					

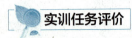 **实训任务评价**

序号	评价项目	评价标准	评价分值	评价结果
1	课堂纪律	是否准时参加实训	10	
2	实训态度	实训期间表现	20	
3	实训效果	课堂抽查实训结果	35	
4	实训报告	实训报告的完成情况	35	
合　计				

 **实训报告**

评语				成绩	
		教师签字	日期	学时	
姓名		学号		班级	
实训名称		实训任务五　园林植物病害主要症状类型观察			

1. 根据观察结果，填写表 5-1 或表 5-2。

　　表 5-1

序号	病害名称	病状	特点	病症	特点

　　表 5-2

病状类型	特点	病害名称	病症类型	特点	病害名称
变色			霉状物		
坏死			粉状物		
腐烂			粒状物		
萎蔫			菌核与菌索		
畸形			脓胶状物		
流胶或流脂					

2. 植物病害的名称与病害症状特征有哪些联系?

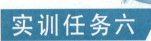

实训任务六

园林植物病原真菌形态观察

•••••••••• （建议 4 课时）••••••••••••••••••••••

实训目标

（1）通过实训，能够掌握真菌营养体、繁殖体的一般形态，为病原鉴定奠定基础。

（2）通过实际观察，识别鞭毛菌、接合菌、子囊菌、担子菌和半知菌五个亚门真菌的主要形态特征，掌握五个亚门真菌所致主要园林植物病害病原物的形态差异，为真菌性病害的分类鉴定、诊断打下初步基础。

（3）通过实训，让学生学会徒手制作园林植物真菌病害病原玻片标本的技能。

（4）培养学生求知欲望和探索生物奥妙的兴趣。

实训材料和仪器用具

1. 实训材料

学生和教师采集的园林植物真菌性病害新鲜标本、园林植物真菌性病害的病原装片标本。如瓜果腐霉病、紫纹羽病菌索、兰花白绢病菌核、甘薯软腐病、卵孢子玻片标本；根霉属玻片标本；白粉菌或霜霉菌吸器玻片标本；无性子实体或有性子实体玻片标本；番茄晚疫病、葡萄霜霉病、牵牛花白锈病玻片标本；月季白粉病、牡丹灰霉病、海棠（苹果）腐烂病、榕树煤污病、竹叶锈病、禾草黑粉病、桂花叶斑病、香石竹枯萎病、葡萄黑痘病、兰花炭疽病、桂花叶枯病、菊花褐斑病等标本或玻片标本。

2. 器材

显微镜、擦镜纸、蒸馏水滴瓶、挑针、刀片、载玻片、盖玻片、纱布块；多媒体课件及多媒体教学系统。

任务提出

课前教师先在校园实训基地进行调查，寻找园林植物上发生的真菌性病害（一定要有病症的），然后让学生课前去采集病害标本准备实验用。教师根据学生采集的标本以及自己准备的标本提出实训任务，学生根据症状可以诊断为真菌性病害，其病原物形态怎样？属于哪一类真菌呢？病原物凭肉眼是看不清楚的，这就需要借助生物显微镜来进行形态特征观察，然后根据病原形态特征进行病害诊断。

 任务分析

要想观察园林植物真菌病害病原物的显微形态及其分类地位，首先要学会真菌玻片标本的徒手制作技能；更重要的是要掌握真菌的营养体、繁殖体的形态特征；真菌的主要类型及其所致病害。

 实训内容

（1）园林植物病原真菌玻片标本制作与真菌营养体观察。
（2）真菌繁殖体的观察。
（3）鞭毛菌亚门主要病原菌形态的观察。
（4）接合菌亚门主要病原菌形态的观察。
（5）子囊菌亚门主要病原菌形态的观察。
（6）担子菌亚门主要病原菌形态的观察。
（7）半知菌亚门主要病原菌形态的观察。

实训要求

（1）实训前认真复习植物病原真菌的营养体、繁殖体的形态，真菌各亚门的分类特征、主要病原及所致病害等相关内容。
（2）观察中应仔细比较分析各病菌形态特点，并初步掌握各主要致病菌的形态及引起植物病害的症状特征，边观察边绘制各主要病原菌的形态图。
（3）操作中要耐心、细致，掌握病原菌制片技术、显微镜使用技巧。
（4）实训中要爱护标本及用具，不得随意损坏。

相关知识回顾

一、真菌的营养体和繁殖体

1. 真菌的营养体（见图 6-1）

真菌进行营养生长的菌体称为营养体。典型的营养体为纤细多枝的丝状体。单根细丝称为菌丝，菌丝可不断生长分枝，许多菌丝集聚在一起，称为菌丝体。菌丝通常呈管状，直径 $5 \sim 6 \mu m$，管壁无色透明。

菌丝体有无隔菌丝和有隔菌丝之分。高等真菌的菌丝有隔膜，称为有隔菌丝。低等真菌的菌丝一般无隔膜，称为无隔菌丝。有些真菌的营养体为卵圆形的单细胞，如酵母菌。

2. 真菌的繁殖体

营养生长到一定阶段后就转入繁殖阶段，所产生的繁殖器官称为繁殖体。真菌的主

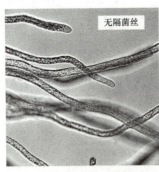
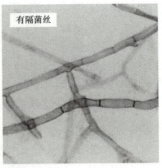

图6-1　真菌的菌丝

要繁殖方式是通过营养体的转化，形成大量的孢子。

繁殖方式可分无性繁殖和有性繁殖两种。

无性繁殖产生无性孢子，有性繁殖产生有性孢子。孢子是真菌繁殖的基本单位，相当于高等植物的种子。

（1）无性繁殖。不经过性细胞结合而直接由营养体上产生孢子的繁殖方式。真菌的无性孢子主要有游动孢子、孢囊孢子、分生孢子、厚垣孢子。

（2）有性繁殖。是通过两性细胞或两性器官的结合而产生有性孢子的繁殖方式。产生的孢子叫有性孢子。常见有性孢子有卵孢子、接合孢子、子囊孢子、担孢子。

（3）真菌的子实体。真菌产生孢子的组织和结构称为子实体。常见的有分生孢子盘、分生孢子器、子囊果、担子果等。

真菌无性孢子、有性孢子和有性子实体的类型见图6-2。

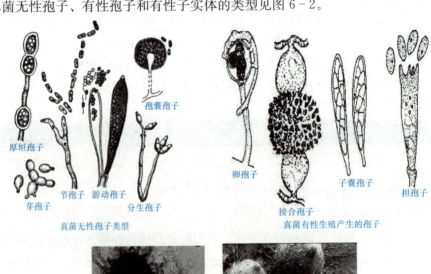

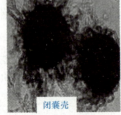

图6-2　真菌无性孢子、有性孢子和有性子实体的类型

二、园林植物病原真菌的主要类群及其所致病害

1. 真菌分类（见表 6-1）

表 6-1　　　　　　　　　　　真菌分类

真菌分类	营养体	繁殖体	
		无性孢子	有性孢子
鞭毛菌亚门	无隔菌丝	游动孢子	卵孢子
接合菌亚门	无隔菌丝	孢囊孢子	接合孢子
子囊菌亚门	有隔菌丝	分生孢子	子囊孢子
担子菌亚门	有隔菌丝	不常见	担孢子
半知菌亚门	有隔菌丝	分生孢子	……

2. 真菌的主要类群及其所致病害（见表 6-2）

表 6-2　　　　　　　　　　真菌的主要类群及其所致病害

真菌主要类群	引起植物病害的类群	病原形态特征
鞭毛菌亚门	腐霉属：幼苗的猝倒、根腐和果腐	孢子囊　　孢子囊萌发形成泡囊　　游动孢子
	疫霉属：牡丹疫病菌、百合茎腐病	孢子囊　　孢囊梗和孢子囊

49

真菌主要类群	引起植物病害的类群	病原形态特征
鞭毛菌亚门	霜霉属：霜霉病	单轴霉属 孢囊梗、孢子囊和卵孢子
	白锈菌属：牵牛花白锈病	孢囊堆 卵孢子萌发　卵孢子
接合菌亚门	根霉属：瓜果腐烂病梨腐烂病	孢囊梗、孢子囊、假根和匍匐丝 放大的孢子囊

续表

真菌主要类群	引起植物病害的类群	病原形态特征
子囊菌亚门	白粉菌目：白粉病	闭囊壳　　子囊及子囊孢子
	核盘菌属：菌核病	菌核萌发产生子囊盘　　子囊盘　　子囊、子囊孢子和侧丝
担子菌亚门	黑粉菌目：黑粉病	黑粉菌属　　条黑粉菌属
	锈菌目：锈病，如桧柏：海棠、月季锈病	柄锈菌属冬孢子和夏孢子　　多胞锈菌属冬孢子

续表

真菌主要类群	引起植物病害的类群	病原形态特征
半知菌亚门	丝核菌属：立枯病	丝核菌属的菌丝和菌核
	葡萄孢属：灰霉病，如一品红、瓜叶菊、牡丹、芍药、四季海棠、仙来客灰霉病	分生孢子梗和分生孢
	尾孢属：叶斑病类，如大叶黄杨、樱花、丁香褐斑病，桂花、杜鹃叶斑病，杜鹃角斑病、柳杉赤枯病菌	
	镰刀菌属：花木枯萎病、立枯病，如唐菖蒲干腐病、翠菊枯萎病、合欢枯萎病、香石竹枯萎病	大型分生孢子　分生孢子　分生孢子梗　小型分生孢子

真菌主要类群	引起植物病害的类群	病原形态特征
半知菌亚门	炭疽菌属：炭疽病，如大叶黄杨、兰花、梅花、茉莉、米兰、山茶、樟树炭疽病菌	 分生孢子盘和分生孢子
	叶点霉属：荷花、桂花斑枯病菌，山茶褐斑病	 分生孢子器和分生孢子
	壳针孢属：菊花褐斑病菌、番茄斑枯病	 分生孢子器和分生孢子

 **任务实施**

步骤一： 园林植物病原真菌玻片标本制作与真菌营养体观察。

（1）取已制无隔菌丝和有隔菌丝玻片标本观察两种菌丝的形态及区别。

（2）玻片标本制作：取清洁载玻片，中央滴蒸馏水1滴，用挑针挑取少许生长旺盛的瓜果腐霉病菌的白色棉毛状菌丝放入水滴中，用两支挑针拨开过于密集的菌丝，然后自水滴一侧用挑针支持，慢慢加盖玻片即可。注意加盖玻片不宜过快，以免形成气泡影响观察或将欲观察的病原物冲至玻片外。观察菌丝有无分隔。

步骤二： 真菌繁殖体的观察。

示范镜下观察真菌无性孢子、有性孢子及子实体的形态特征。

步骤三： 鞭毛菌亚门主要属观察。

示范镜下观察鞭毛菌亚门主要属病原菌装片。注意观察菌丝的分枝情况，有无分隔、菌丝体与孢囊梗、孢囊梗与孢子囊在形态上区别，卵孢子的形态。再挑取马铃薯或番茄晚疫病、葡萄或木芙蓉霜霉病、牵牛花白锈病霉层或锈粉制作玻片标本，置显微镜下观察孢囊梗、孢子囊形态特征。

步骤四： 接合菌亚门主要属观察。

取甘薯软腐病菌玻片标本置显微镜下观察，观察菌丝有无分枝，匍匐枝、假根、孢囊梗、孢子囊及孢囊孢子形态；取根霉属接合孢子玻片标本镜检，观察接合孢子的形态特征。

步骤五： 子囊菌亚门主要属观察。

示范镜下观察子囊菌的营养体、无性孢子、有性孢子及各种子囊果（闭囊壳、子囊壳、子囊盘）的形态特征及相互间的区别。取大叶黄杨或紫薇或十大功劳白粉病新鲜标本，观察病害症状特点，有无黑色小颗粒状的闭囊壳。再用挑针挑取闭囊壳制片观察闭囊壳及附属丝的形状。用挑针轻压盖玻片后镜检，观察被压破的闭囊壳内的子囊及子囊孢子；取油菜菌核病玻片标本镜检，观察子囊盘及子囊的形态。

步骤六： 担子菌亚门主要病原菌形态的观察。

示范镜下观察不同锈菌夏孢子和冬孢子的形态特征（形状、大小、颜色及表面特点）。再挑取竹叶锈病叶表面锈粉装片观察夏孢子形态特征。

示范镜下观察不同黑粉菌冬孢子的形态特征（形状、大小、颜色及表面特点）。

再挑取草坪草黑粉病病叶表面黑粉装片观察冬孢子形态特征。

步骤七： 半知菌亚门主要病原菌形态的观察。

示范镜下观察半知菌的菌丝、分生孢子梗、分生孢子器、分生孢子盘及分生孢子的形态特征。注意菌丝在分隔、分枝和颜色等方面的特征，分生孢子器与分生孢子盘的区别，分生孢子的形态、大小、颜色、单胞与多胞等方面的区别。

挑取牡丹灰霉病灰霉制作玻片标本，置显微镜下观察分生孢子梗、分生孢子的形态。挑取大叶黄杨炭疽病病部粒状物制作玻片标本，置显微镜下观察分生孢子盘及分生孢子的形态特征。

 **实训任务评价**

序号	评价项目	评价标准	评价分值	评价结果
1	课堂纪律	是否准时参加实训	10	
2	实训态度	实训期间表现	20	
3	实训效果	课堂抽查实训项目，是否学会了病原菌玻片的制作方法，主要属病原菌的形态特征等	30	
4	实训报告	实训报告的完成情况	40	
合　计				

 **实训报告**

评语				成绩	
		教师签字　　　　日期		学时	

姓名		学号		班级	
实训名称		园林植物病原真菌形态观察			

根据观察结果：

1. 绘制有隔菌丝及无隔菌丝的形态图，并注明名称。
2. 绘制鞭毛菌亚门霜霉菌孢囊梗及孢子囊形态图，并注明病害名称。
3. 绘制接合菌亚门根霉属孢囊梗及假根，并注明病害名称。
4. 绘制子囊菌亚门白粉菌的分生孢子及闭囊壳的形态特征图，并注明病害名称。
5. 绘制担子菌亚门锈菌夏孢子及黑粉菌冬孢子形态特征图，并注明病害名称。
6. 绘制半知菌亚门灰霉病菌的分生孢子梗及分生孢子形态特征图，并注明病害名称。
7. 绘制半知菌亚门炭疽病菌的分生孢子盘及分生孢子形态特征图，并注明病害名称。
8. 列表比较鞭毛菌、接合菌、子囊菌、担子菌和半知菌五个亚门真菌的主要特征及所致病害的症状特点。

真菌分类	营养体	有性繁殖	无性繁殖	代表病害

相 关 知 识 链 接

一、体视显微镜使用和保养

（一）显微镜的结构

（1）光学系统。目镜、物镜、反光镜、聚光镜和光源。

（2）机械系统。镜座、镜柱、镜臂、粗（细）准焦螺旋、细准焦螺旋。

（二）显微镜的使用方法

1. 取镜和安放

（1）右手握镜臂，左手托镜座。

（2）把显微镜放在实验台的前方稍偏左。

（3）打开显微镜箱，一手握镜臂，一手托镜座，将显微镜离桌边 8cm 左右。

2. 对光

转动转换器，使低倍镜对准通光孔。

3. 低倍镜观察

（1）把所要观察的玻片标本放在载物台上，用压片夹压住，标本要正对通光孔的中心。

（2）转动粗准焦螺旋，使镜筒缓缓下降，直到物镜接近玻片标本为止（此时实验者的眼睛应当看着物镜头和标本之间，以免物镜和标本相撞）。

（3）左眼看目镜内，同时反向缓缓转动粗准焦螺旋，使镜筒上升，直到看到物象为止，再稍稍转动细准焦螺旋，使看到的物象更加清晰。

4. 高倍镜观察

（1）移动装片，在低倍镜下使需要放大的部分移动到视野中央。

（2）转动转换器，移走低倍物镜，换上高倍物镜。

（3）缓缓调节细准焦螺旋，使物像清晰。

（4）调节光圈，使视野亮度适宜。

5. 油镜观察

低倍镜下找被检部分，在高倍镜下调焦，再移去高倍镜，滴一滴香柏油于盖玻片上，换用油镜观察。

二、病原真菌简易徒手切片的制作

（1）选择病原物生长茂密的病害标本，对病原物细小、稀少的标本，可用放大镜或显微镜寻找。

（2）取擦净的载玻片，中央滴加蒸馏水 1～2 滴。

（3）从标本上"挑""刮""拨""切"下病原菌，轻轻放到载玻片上的水滴中；再取擦净的盖玻片，从水滴一侧用挑针针头挑着慢慢放下盖在载玻片上，以免产生气泡或将病原菌冲溅到盖玻片外。盖玻片边缘多余的水分可用吸水纸吸去。在取病原物时，不要取得太多，以免重叠在一起影响观察效果。

1）挑：对标本表面有明显茂密的毛、霉、粉、锈等的病原物，可用挑针挑取，放到载玻片水滴中央。若病原物过于密集，可用挑针轻轻拨开。

2）刮：对于毛、霉、粉等稀少分散的病原物，可用三角挑针或刀片在病部顺同一方向刮2～3次，将刮下的病原物放到水滴中央。

3）拨：对半埋生在寄主植物表层下的病原物，可用挑针将病原物连其周围组织一同拨下，放入水滴中，然后用另一支挑针小心拨除病组织，使病原物完全露出。

4）切：对埋生在病组织中的病原物，如分生孢子器、子囊壳等，则需作徒手切片。首先应选择病原物较多的材料，加水湿润后，用刀片或剃刀切下一小片［面积（2～3）mm×（6～8）mm］，平放在载玻片或小木板上；刀口与材料垂直，从左向右方向切割，将材料切成薄片，越薄越好。还有一种方法是将材料小片夹在新鲜的胡萝卜、莴苣中（均浸于70％酒精中）刀口向内，由左向右后方向切割。每切下4～5片，用毛笔蘸水轻轻沿刀口取下，置盛水的培养皿中，再从中选择带有病原物的薄切片，放到载玻片水滴中。

（4）做好的制片即可放在显微镜下观察。

园林植物食叶类害虫的识别

实训目标

（1）通过实训，能识别当地园林植物主要食叶害虫的形态特征及危害特点。

（2）能根据园林植物蛾类食叶害虫种类选择适当的药剂，设计综合防治方案并组织实施。

实训材料和仪器用具

1. 实训材料

袋蛾、刺蛾、大蚕蛾、天蛾、夜蛾、灯蛾、蝶类、叶蜂、叶甲、蝗虫 等标本。根据季节采集新鲜食叶害虫。

2. 器材

体视显微镜、放大镜、解剖针、镊子、培养皿、昆虫针、蜡盘、多媒体课件。

任务提出

授课教师把准备好的各种标本分发到每一小组，放在实训台上。布置实训任务：识别园林植物主要食叶害虫的形态特征及危害特点；根据园林植物蛾类食叶害虫种类选择适当的药剂，设计综合防治方案并组织实施。

任务分析

要识别园林植物主要食叶害虫种类必须掌握食叶害虫的形态特征及危害特点，并根据这些特点选择适当的药剂，设计综合防治方案来组织实施。

实训内容

（1）刺蛾类食叶害虫的识别。

（2）袋蛾类食叶害虫的识别。

（3）大蚕蛾类食叶害虫的识别。

（4）天蛾类食叶害虫的识别。

（5）尺蛾类食叶害虫的识别。

（6）毒蛾类食叶害虫的识别。

（7）夜蛾类食叶害虫的识别。

（8）枯叶蛾类食叶害虫的识别。

（9）螟蛾类食叶害虫的识别。

（10）灯蛾类食叶害虫的识别。

（11）卷蛾类食叶害虫的识别。

（12）蝶类食叶害虫的识别。

（13）叶蜂类食叶害虫的识别。

（14）叶甲类食叶害虫的识别。

（15）蝗虫类食叶害虫的识别。

 实训要求

（1）实训前要了解园林植物主要食叶害虫的种类及危害情况。

（2）要认真、仔细观察供试实训材料，肉眼观察不清楚的，用放大镜或显微镜观察，并做好记录。

（3）注意保护标本，以防损坏。

相关知识回顾

一、刺蛾类食叶害虫

刺蛾属鳞翅目、刺蛾科，主要有黄刺蛾、绿刺蛾等。

1. 黄刺蛾

又名洋辣子、毒毛虫等，是一种杂食性食叶害虫。

成虫体橙黄色。前翅黄褐色，基半部黄色，端半部褐色，有两条暗褐色斜线，在翅尖上汇合于一点，呈倒 V 字形后翅灰黄色。

老熟幼虫体长 16～25mm，黄绿色，体背面有一块紫褐色"哑铃"形大斑。

茧灰白色，茧壳上有黑褐色纵条纹，形似雀蛋。

2. 扁刺蛾

又名黑点刺蛾。

成虫体、翅灰褐色。前翅灰褐稍带紫色，有 1 条明显的暗褐色线，从前缘近顶角斜伸至后缘。触角褐色，雌虫丝状，雄虫基部数十节呈栉齿状。

老熟幼虫体长 21～26mm，体绿色或黄绿色。椭圆形，各节背面横向着生 4 个刺突，两侧的较长，第 4 节背面两侧各有 1 小红点。

茧椭圆形，黑褐色，坚硬。

3. 桑褐刺蛾

又名红绿刺蛾、刺毛虫。

雌成虫体长 17.5～19.5mm，翅展 38～41mm；雄成虫体长 17～18mm，翅展 30～36mm，体灰褐色带紫色，散布有雾状黑点，前翅自前缘中部有 2 条暗褐色横带，似"八"字形伸向后缘，前缘臀角附近有一近三角形棕色斑。雌虫体色较雄虫淡。

老熟幼虫体长 23～35mm。体黄绿色，背线天蓝色，亚背线为黄色。每体节有 4 个黑点，体侧为红色或橘黄色宽带，中胸至第 9 节腹节每节于亚背线上着生枝刺 1 对；其中以中胸、后胸和 1、5、8、9 腹节上的特别长。

蛹灰褐色，莲子形，茧灰褐色，坚硬，长约 15mm。

4. 褐边绿刺蛾

又名四点刺蛾、青刺蛾。

雌成虫体长 14～18mm，翅展 33～41mm；雄成虫体长 10～13mm，翅展 28～34mm。头部粉绿色，复眼黑色，触角褐色，雌蛾丝状，雄蛾近基部十几节为节齿状，并较发达。胸部和前翅绿色；前翅基部略带放射状褐色斑，外缘有浅褐色条，缘毛深褐色。后翅及腹部浅褐色，缘毛褐色。

老熟幼虫体长 23～27mm，头红褐色，身体翠绿或黄绿色，腹侧自后胸至腹部第 9 节均有刺突 1 对，上着生黄棕色刺毛，腹部第 8、9 节各着生黑色绒球状毛丛 1 对。腹部末端有 4 个浓黑色绒球状刺毛。

蛹体长 16mm 左右，椭圆形，棕褐色。茧近圆筒形，棕褐色。

5. 丽绿刺蛾

又名绿刺蛾、梨青刺蛾。

雌成虫体长 10～11mm，翅展 22～23mm；雄成虫体长 8～9mm，翅展 16～20mm。胸背毛绿色，前翅绿色前翅基部有 1 深褐色尖刀形斑纹，外缘有褐色带，后缘缘毛长。胸、腹部及足黄褐色，但前足基部有 1 丛绿色毛。

老熟幼虫体长 15～30mm，头褐色，体翠绿色，前胸背板黑色，中胸及腹部第 8 节各有 1 对蓝黑色斑，后胸侧面及腹部 1～9 节侧面均具有 1 对枝刺，其中以后胸及腹部 1、7、8 节上的枝刺较长，每个枝刺上着生黑色刺毛 20 余根；第 8、9 腹节侧面枝刺基部各着生 1 对由黑色刺毛组成的绒球状毛丛。体侧有由蓝灰、白等线条组成的波状条纹。

蛹体深褐色，长 12～15mm。茧棕黄色，扁椭圆形，长 14～17mm，上覆灰白的丝状物。

二、袋蛾类食叶害虫

属鳞翅目，袋蛾科，又称蓑蛾、避债蛾。常见种类有大袋蛾、茶袋蛾、小袋蛾、白囊袋蛾等。

1. 大袋蛾

又名大蓑蛾。

成虫体雌雄异型，雌虫体长 22～30mm，粗壮，肥胖，足与翅均退化，腹部第 7、8 节间有环状黄色茸毛；雄虫体长 15～20mm，翅展 35～44mm，黑褐色。前翅 2A 和 1A 脉在端部 1/3 处合并，M2、M3 脉之间、R4、R5 脉基部之间各有 1 透明斑。胸部背面有 5 条黄色纵纹。

幼虫初龄时黄色，斑纹很少。从 3 龄起，雌雄明显异形。雌性幼虫头部深棕色。

2. 茶袋蛾

又名小袋蛾。

成虫雌雄异型，雌虫无翅，体粗壮，头小，上生 1 对刺突。胸部各节背板明显。腹部大，第 4～7 腹节周围有黄色茸毛。雄蛾体和翅茶褐色。胸部背面有白色纵纹 2 条，前翅翅脉颜色较深，外缘有 2 块长方形透明斑。胸腹部密布鳞毛。

老熟幼虫头黄褐色具黑褐斑纹，体肉黄色，背面中央颜色较深，胸部各节背面有 4 个褐色长形斑，前后相连成 4 条褐色纵带；腹部各节背面均有 4 个黑色小突起，列成"八"字形。

雌蛹形似蝇类围蛹，赤褐色，腹末具臀棘 1 对，短而弯曲。雄蛹被蛹。

三、大蚕蛾类食叶害虫

大蚕蛾类属鳞翅目，是昆虫个体最大的一类，成虫翅上有透明的眼斑，幼虫体型很大，体表有枝刺。

绿尾大蚕蛾：

成虫有浓厚的白色绒毛，翅粉绿色，前翅前缘紫褐色，外缘黄褐色，前后翅中央均有 1 个眼状斑纹，足紫红色。

幼虫幼龄黑褐色，老龄后黄绿色，头较小，气门上线有红色和黄色 2 条。体上每节有瘤状橙黄色突起。在第 2、3 节背上有 4 个。瘤突上有褐色和白色长毛，无毒。

四、天蛾类食叶害虫

天蛾属鳞翅目，天蛾科，该目幼虫体粗壮，体侧大都有斜纹 1 列，第 8 腹节背面具尾角。

1. 葡萄天蛾

又叫葡萄轮纹天蛾。

成虫体翅茶褐色，体背自前胸至腹部末端有 1 条红褐色纵线，腹面色淡呈红褐色。前翅有几条深色横波纹，中线宽，外线细，顶角有 1 块暗褐色三角斑；后翅黑褐色，外缘及后角附近各有茶褐色横带 1 条，缘毛色稍红；前后翅反面红褐色。

幼虫老熟绿色，体表布有横纹和黄色颗粒，胴部背面末期有向后上方翘起的尾角。

2. 白薯天蛾

又名旋花天蛾。成虫前翅内、中、外横带各为两条深棕色的尖锯齿线，顶角有黑色斜纹；后翅有 4 条暗褐色横带，缘毛白色及暗褐色相杂。老熟幼虫头半圆形，体表布满小颗粒，在各体节的小节上又有不规则的纵列纹。尾角向前方弯曲，上有细小颗粒。

3. 霜天蛾

又名泡桐灰天蛾。

　　成虫体翅灰白色，混杂霜状白粉，胸部背面有由灰黑色鳞片组成的圆圈，前翅上有黑灰色斑纹，顶角有一个半圆形黑色斑纹，中室下方有两条黑色纵纹，后翅灰白色，腹部背中央及两侧各有 1 条黑色纵纹。老熟幼虫有两种体色：一种是绿色，腹部 1～8 节两侧有 1 条白斜纹，斜纹上缘紫色，尾角绿色；另一种也是绿色，上有褐色斑块，尾角褐色，上生短刺。

五、尺蛾类食叶害虫

　　尺蛾又称尺蠖，属于鳞翅目，尺蛾科。

1. 丝棉木尺蛾

　　又名大叶黄杨尺、造桥虫。

　　成虫翅面底色银白色，其上不规则排列着大小不等的灰色斑纹。前翅由淡灰色斑组成连续缘线，外横线上的淡灰色斑上端分叉，下端积成 1 大块黄褐色斑，中线不成行，翅基有黄、褐、灰色花斑，中室端部有 1 大块色斑。后翅斑纹与前翅斑纹相连，但翅基无花斑。腹部金黄色，由黑点组成条纹，后足胫节内侧有黄色毛丛。

　　幼虫初孵时头小漆黑色，蜕 1 次皮后可见细条纹。老熟幼虫体黑色。从背面看背线、亚背线、气门上线、气门线、亚腹线为 5 条蓝白或黄色纵线，纵线间有横线相连，纵横线连成方格状。足和臀板黑褐色。胸部及腹末几节上有黄色横纹。

2. 大造桥虫

　　该虫 1 年发生 4～5 代。

　　成虫体较粗壮，体色变化较大，一般为浅灰褐色。雌虫触角细长，雄虫触角齿状，每节有丛毛。翅底面白色，有很多暗褐色小点，中室斑纹外有环，前后翅上的 4 个星及内外线为暗褐色，前缘中部有 1 椭圆形白斑，后翅淡褐色。

六、毒蛾类食叶害虫

　　毒蛾属鳞翅目，毒蛾科，多为中型蛾子，其幼虫常具有特殊毒毛，故一般称为毒毛虫。

1. 舞毒蛾

　　又名秋毛虫、柿毛虫等。

　　成虫雌雄异形，雌蛾体较大，黄白色，触角黑色双齿。前翅有 4 条锯齿状黑色横线，中室有 1 黑点，中室端部横脉上有"＜"形黑褐色纹，前后翅外缘脉间各有 1 黑褐点，缘毛均黑白相间。腹部粗大密披淡黄色毛，末端着生黄褐色毛丛。雄虫体小，棕褐色，触角羽毛状，翅面具有与雌蛾相间的斑纹。

　　初孵幼虫色较深，体毛较长，老熟幼虫体长，头黄褐色有明显的"八"字形黑纹，背线灰黄色，亚背线、气门上线、气门下线部位各体节均有毛瘤，共排成 6 纵列，背面 2 列毛瘤色泽鲜艳，前 5 对蓝黑色，后 6 对红色，毛瘤上生有棕黑色短毛。幼虫体色变化大，有黑、灰、黄多种色型。

2. 桑毛虫

　　又名桑毒蛾、黄尾毒蛾等。

　　雌成虫触角双栉齿状，体白色，腹部末端有金黄色的绒毛 1 丛；雄虫触角羽毛状，色橙褐，前后翅后缘有 2 个黑褐色斑纹，有时斑纹消失，腹部末端毛丛较短。幼虫初孵时灰褐色，2 龄起出现色彩，老熟幼虫头部黑色，胸腹部黄色，腹部第 1、2、8 节膨大且显著隆起毛瘤大而长。背线黑色，亚背线、气门上线和气门线黑褐色。全体各节上均有许多突起，均生黑毛，背突起及侧突起生有褐色松枝状毒毛。

七、夜蛾类食叶害虫

夜蛾属鳞翅目，夜蛾科。

1. 斜纹夜蛾

又称夜盗虫。此虫食性杂。

成虫胸部背面有白色毛丛。前翅黄褐色，多斑纹，内外横线间从前缘中部到后缘有 3 条白色斜纹，故名为斜纹夜蛾。后翅白色仅翅脉及外缘暗褐色。

幼虫体色多变，初孵时呈绿色，渐变黄绿色，老熟时常暗绿或黑褐色，背面具有不规则的灰色斑纹，背线、亚背线、气门下线灰白色，每节在亚背线内侧有 1 对半月形黑褐斑。

2. 银纹夜蛾

又名黑点银纹夜蛾。

成虫体与前翅灰褐色，胸部背面有 2 丛直立的棕褐色毛丛，前翅有 2 条银色波状横纹，翅中央有 1 条"U"形银色纹，和 1 个近三角形的银色斑。后翅暗褐色，略具光泽。

幼虫体绿色，头小，尾部宽。背线白色双线，亚背线白色，3 对腹足分别着生在腹部第 5、6、10 节上，爬行时体背拱起。

八、枯叶蛾类食叶害虫

属鳞翅目，枯叶蛾科。其成虫体多粗壮，鳞片厚，静栖时呈枯叶状；幼虫食叶，是园林风景林中的重要害虫。

马尾松毛虫：

成虫体色有灰白、灰褐、茶褐、黄褐等色，雌蛾体色比雄蛾浅。雌蛾体长 18～30mm，展翅 42～56mm，触角短栉状，体和翅覆盖灰褐色鳞毛，翅面有 5 条深褐色横线，外横线略呈波浪状。雄蛾体长 20～28mm，展翅 36～49mm，触角羽毛状，体色茶褐到黑褐色，前翅较宽。

老熟幼虫体长 47～61mm，头黄褐色，体色分棕红色和灰黑色 2 种。中、后胸背毒毛带明显。腹部各节背面毛簇中有窄而扁平的片状毛，先端呈齿状，体侧着生许多白色长毛，两侧各有 1 条纵带，纵带上各有 1 白色斑点。

九、螟蛾类食叶害虫

螟蛾属鳞翅目，螟蛾科。

樟巢螟：

又名樟巢虫。是危害香樟的主要害虫。

成虫体长 12～15mm，翅展 25～30mm。头、胸部棕褐色，触角丝状。前翅有蓝绿色金属光泽，中室内横线外侧有若干黑褐色鳞片，集中数点呈堆状凸起。雄虫前翅前缘中部有淡黄色翅痣，雌虫无，全翅棕褐色，内横线淡灰色斑状纹，外横线淡灰色呈曲折波浪形，内横线与外横线之间有淡色圆形斑纹。后翅浅褐色，近外缘渐深，缘毛褐色。

老熟幼虫体长 20～25mm，棕褐色，胴部背线很浅，亚背线宽而色深。

十、灯蛾类食叶害虫

灯蛾属鳞翅目，灯蛾科。其成虫趋光性强，幼虫体具密而长的次生刚毛，多为杂食性，危害各种园林植物。

1. 星白雪灯蛾

又名星白灯蛾、黄腹白灯蛾。

成虫体长 14～18mm，翅展 33～46mm。雄蛾触角栉齿状。前翅表面黄白色，散布黑色斑点，黑点数因个体差异各不相同，前足腿节背面黄色，后足胫节有 2 对距。腹部背面黄色，每腹节中央有 1 黑斑，两侧各有 1 黑斑。

幼虫体色土黄至黑褐色，背面有灰色或灰褐色纵带，气门白色，密生棕黄色至黑褐色长毛。

2. 人纹污灯蛾

又名红腹白灯蛾。

成虫体长约 20mm，翅展约 55mm。雄蛾触角短，锯齿状，雌蛾触角羽毛状。胸部和前翅白色，前翅面上有 2 排黑点，停栖时黑点合并成"人"字形，前足腿节与前翅基部均为红色；后翅略带红色。腹部背面呈红色，其中线上具 1 列黑点。

老熟幼虫体长约 40mm，黄褐色，背部有暗绿色线纹；各节有 10～16 个突起，其上簇生红褐色长毛。

3. 美国白蛾

又名秋暮毛虫。

成虫为白色中型蛾子，雌虫体长 9.5～15mm，翅展 30～42mm；雄虫体长 9～13.5mm，翅展 25～36.5mm。雌蛾触角锯齿状，翅纯白色；雄蛾触角双栉齿状，多数前翅翅面多散生黑褐色斑点。前足基节、腿节橘黄色，胫节及跗节大部分黑色。前足胫节端具 1 对短齿；后足胫节无中距，只有端距。

幼虫在我国多为黑头型，头黑褐色有光泽，老熟幼虫体长 28～35mm。背部两侧线之间有 1 条灰褐色至灰黑色的宽纵带，体侧和腹面灰黄色，气门上线和气门下线浅黄色，背部有黑色毛疣，毛疣上着生白色长毛，混杂少量黑色、棕黄色长毛。胸足发达黑色，臀足发达。

十一、卷蛾类食叶害虫

卷蛾属鳞翅目，卷蛾科。此类成虫都具有趋光性，幼虫常吐丝将几个叶片缠缀在一起或卷叶危害。

茶长卷蛾：

又名卷叶虫、黏叶虫。

成虫体长 10～12mm，翅展 22～32mm。雄蛾前翅黄色有褐色斑，前缘宽大，基斑退化，中带和端纹清楚，中带在前缘附近色泽变黑，然后断开形成 1 块黑斑。

老熟幼虫体长 20mm 左右，头黄褐色，体暗绿色。

十二、蝶类食叶害虫

蝶类属鳞翅目，锤角亚目。种类丰富，其成虫色彩艳丽，以花蜜为食；幼虫对园林植物危害较大。

1. 花椒凤蝶

又名柑橘凤蝶。属鳞翅目，凤蝶科。

雌成虫体长 25～27mm，翅展 89～92mm；雄虫体长 21～23mm，翅展 72～78mm。体黄色，背中线黑色。翅面除黑色外，其余斑纹均为黄色，前翅中室内有 1 组放射状黄色线纹，上方有 2 个黄色新月斑；前后翅中室外从前缘至后缘都有 8 个横列的黄色板块，亚外缘线有黄色新月形斑，前翅 8 个，后翅 6 个，外缘都有黄色波形线纹；后翅黑带中有散生的蓝色鳞粉，臀角处有 1 橙黄色圆斑，斑内有 1 小黑点。

老熟幼虫体长 40～51mm，黄绿色，胸腹连接处稍膨大，后胸两侧有舌眼线纹，后胸与第 1 腹节间有蓝黑色带状斑，腹部第 4、5 节两侧各有 1 条蓝黑色斜纹分别延伸至第 5、6 节背面。头部臭腺为黄色。

2. 白粉蝶

又名菜粉蝶、菜青虫。属鳞翅目，粉蝶科。

成虫体黑色，有白色绒毛，长约 17mm，翅展约 50mm。前后翅为粉白色，前翅前缘、翅基半部及顶角等处常黑色，翅面上有 2 块黑斑，后翅前缘有 1 黑斑。

老熟幼虫体长约 35mm，青绿色，背中线为黄色细线，体表密布黑色瘤状突起，其上着生短细毛。

十三、叶蜂类食叶害虫

叶蜂属膜翅目昆虫。

1. 樟叶蜂

属膜翅目，叶蜂科。是樟树的主要害虫。

雌成虫体长 9mm，翅展 16～18mm；雄虫体长 5～7mm，翅展 13～15mm。头黑褐色，触角丝状 9 节。中胸发达，棕黄色，后缘呈三角形，上有"X"形凹纹。翅膜质透明，翅脉明晰可见。足转节，前足的腿节基部和端部，中足的基节、腿节基部和端部、胫节、跗节，后足的基节、腿节端部、胫节基部为浅黄色，其余部分为黑褐色。腹部蓝黑色，略有光泽。

老熟幼虫体长 13～17mm，初孵时乳白色，头浅灰色。稍大后头变成黑色，体呈绿色，全身多皱纹。胸部及腹部 1～2 节背面密披黑色小点，胸足黑色，腹部末端弯曲。

2. 月季叶蜂

又名蔷薇三节叶蜂。属膜翅目，三节叶蜂科。

雌成虫体长 7.5～8.6mm，翅展 17～19mm，头、胸黑色，触角第 3 节向端部加粗，腹部橙黄色，第 1、2、4 节背面中央有横纹；雄虫略小，触角第 3 节长于胸部，腹部第 1、2、3、7 节背面中央有褐色横纹。

老熟幼虫体长 13.5～24mm。头淡黄色。胸部各节背面有 2～3 列黑色毛片，腹部背面第 1 节有 2 列，第 2～9 节背面各有 3 列黑色毛片，毛片上有许多刚毛。腹足 6 对，分别着生于腹部第 2～6 节及 10 节上。

十四、叶甲类食叶害虫

叶甲属鞘翅目，叶甲科昆虫。此成虫体色艳丽，具有很强的金属光泽，所以又有金花虫之称。幼虫寡足型，体上常具肉质刺及瘤状突起物。成、幼虫均对植物造成危害，是园林植物的重要害虫。

榆黄叶甲：

成虫体长 7～9mm，长椭圆形，棕黄色，全体密布柔毛及刻点。头顶中央有 1 桃形黑斑，触角丝状黑色，其后方各有 1 三角形黑斑。前胸背板宽阔，两侧边缘略呈弧形，中央有 1 长形黑斑，两侧凹陷部的外方也各有 1 卵形黑斑。鞘翅较前胸背板略宽，后半部微彭大，沿肩部有 1 黑色纵纹。

老龄幼虫体长 9.5mm，扁长形。头部小，黑色。胴体黄色，前胸背板两侧近后缘处各有 1 黑斑，前缘中央有 1 灰黑色小斑点。中、后胸及腹部第 1～8 节背面分成 2 小节，每小节上生有 4 个毛瘤，腹部各小节中央的 2 个毛瘤着生在同一骨化板上，形成 3 个黑纹。中、后胸两侧生有 2 个毛瘤，腹部两侧各有 3 个毛瘤。腹面每节各有 6 个毛瘤。

十五、蝗虫类食叶害虫

蝗虫属直翅目，蝗总科，是草坪的常见害虫。

短额负蝗：

又名小尖头蚱蜢，属直翅目，蝗总科。分布长江流域各地。危害一串红、凤仙花、鸡冠花、菊花、月季等多种花卉。

雌成虫体长 41～43mm，雄成虫体长 26～31mm，触角顶端刚超过前胸背板的中部。体绿色或枯草色。头部呈锥形，头顶较短，颜面颇倾斜和头顶呈锐角，颜面隆起呈狭长的纵沟。复眼卵形，褐色，位于头部中部，复眼向后沿前胸背板侧叶下缘具 1 列圆形颗粒，复眼至头顶端的距离为复眼直径的 1.1 倍。胸腹板板突长方形，呈片状。前翅绿色，超过后足腿节顶端，其超出部分的长度为全翅长度 1/3，翅顶较尖；后翅略短于前翅，基部玫瑰色，后足胫节内侧具刺 12 个，外侧具刺 11 个，具内外端刺，胫节向端部逐渐扩大。跗节爪间中垫超出爪之中部。肛板长三角形，尾须锥形，下生殖板短锥形，顶端较钝。雌虫产卵瓣粗短，上缘具锯齿，端部呈钩状。

初孵若虫体淡绿色，布有白色斑点，触角末节膨大，颜色较其他节深。复眼黄色。前、中足有紫红色斑点呈鲜明的红绿色彩。

卵壳表面具有明显的脊所围城的肉状花纹小室，在脊的交接处具有小瘤状突起。卵囊呈筒状，较粗短，长约为宽的 3 倍。在卵室内，卵粒与卵囊纵轴近平行状堆积排列。

 **任务实施**

步骤一： 刺蛾类食叶害虫的识别。

观察桑褐刺蛾、黄刺蛾、褐边绿刺蛾、丽绿刺蛾、扁刺蛾的生活史标本及受害植物，识别各虫态形态特征。

步骤二： 袋蛾类食叶害虫的识别。

观察大袋蛾、茶袋蛾、白囊袋蛾的生活史标本及受害植物，识别各虫态形态特征。

步骤三： 大蚕蛾类食叶害虫的识别。

观察绿尾大蚕蛾、臭椿蚕蛾的生活史标本及受害植物，识别各虫态形态特征。

步骤四： 天蛾类食叶害虫的识别。

观察蓝目天蛾、刺槐天蛾、葡萄天蛾、霜天蛾的生活史标本及受害植物，识别各虫态形态特征。

步骤五： 尺蛾类食叶害虫的识别。

观察丝棉木尺蛾、槐尺蛾、大造桥虫、桑刺尺蛾的生活史标本及受害植物，识别各虫态形态特征。

步骤六： 毒蛾类食叶害虫的识别。

观察舞毒蛾、桑毛虫、豆毒蛾、柳毒蛾的生活史标本及受害植物，识别各虫态形态特征。

步骤七： 夜蛾类食叶害虫的识别。

观察斜纹夜蛾、银纹夜蛾的生活史标本及受害植物，识别各虫态形态特征。

步骤八： 枯叶蛾类食叶害虫的识别。

观察杨枯叶蛾、天幕毛虫、马尾松毛虫的生活史标本及受害植物，识别各虫态形态特征。

步骤九： 螟蛾类食叶害虫的识别。

观察樟巢螟、棉大卷叶野螟、大叶黄杨绢野螟的生活史标本及受害植物，识别各虫态形态特征。

步骤十： 灯蛾类食叶害虫的识别。

观察星白灯蛾、人纹污灯蛾、美国白蛾的生活史标本及受害植物，识别各虫态形态特征。

步骤十一： 卷蛾类食叶害虫的识别。

观察茶长卷叶蛾、苹果褐卷叶蛾的生活史标本及受害植物，识别其各虫态形态特征。受害植物叶片常被啃食成灰白色网状并被吐丝黏连成筒状。

步骤十二： 蝶类食叶害虫的识别。

观察花椒凤蝶、白粉蝶和黑脉蛱蝶的生活史标本及受害植物。从体色及花斑上区分各种蝶类成虫。注意凤蝶类幼虫一般色深暗，光滑无毛，后胸隆起，前胸背中央有1臭腺。而粉蝶幼虫多为绿色或黄绿色，体表有许多短毛或小瘤突。受害植物叶片呈缺刻状或被食光。

步骤十三： 叶蜂类食叶害虫的识别。

观察樟叶蜂和月季叶蜂的生活史标本及受害植物，识别各虫态形态特征。观察时注意区别叶蜂幼虫和鳞翅目幼虫。受害植物叶片呈孔洞、缺刻或被食光，个别种类形成虫瘿。

步骤十四： 叶甲类食叶害虫的识别。

观察叶甲的生活史及受害植物，识别各虫态形态特征。观察时注意区别各种成虫和幼虫。

步骤十五： 蝗虫类食叶害虫的识别。

观察常见蝗虫种类的生活史标本，识别其卵、若虫及成虫的形态特征。注意观察区别蝗虫成虫和若虫的外部形态特征。

 **实训任务评价**

序号	评价项目	评价标准	评价分值	评价结果
1	刺蛾类食叶害虫的识别	正确识别桑褐刺蛾、黄刺蛾、褐边绿刺蛾、丽绿刺蛾、扁刺蛾的成虫、幼虫及危害状	10	
2	袋蛾类食叶害虫的识别	正确识别大袋蛾、茶袋蛾、白囊袋蛾成虫和幼虫	5	
3	大蚕蛾类食叶害虫的识别	正确识别绿尾大蚕蛾、臭椿蚕蛾成虫、幼虫及危害状	5	
4	天蛾类食叶害虫的识别	正确识别蓝目天蛾、刺槐天蛾、葡萄天蛾、霜天蛾成虫、幼虫及危害状	5	
5	尺蛾类食叶害虫的识别	正确识别丝棉木尺蛾、槐尺蛾、大造桥虫、桑刺尺蛾	5	
6	毒蛾类食叶害虫的识别	正确识别舞毒蛾、桑毛虫、豆毒蛾、柳毒蛾成虫、幼虫及危害状	5	
7	夜蛾类食叶害虫的识别	正确识别斜纹夜蛾、银纹夜蛾成虫、幼虫及危害状	10	
8	枯叶蛾类食叶害虫的识别	正确识别杨枯叶蛾、天幕毛虫、马尾松毛虫成虫、幼虫及危害状	5	
9	螟蛾类食叶害虫的识别	正确识别樟巢螟、棉大卷叶野螟、大叶黄杨绢野螟成虫、幼虫及危害状	10	
10	灯蛾类食叶害虫的识别	正确识别星白灯蛾、人纹污灯蛾、美国白蛾成虫、幼虫及危害状	5	
11	卷蛾类食叶害虫的识别	正确识别茶长卷叶蛾、苹果褐卷叶蛾成虫、幼虫及危害状	5	
12	蝶类食叶害虫的识别	正确识别花椒凤蝶、白粉蝶和黑脉峡蝶成虫、幼虫及危害状	10	
13	叶蜂类食叶害虫的识别	正确识别樟叶蜂和月季叶蜂成虫、幼虫及危害状	5	
14	叶甲类食叶害虫的识别	正确识别成虫、幼虫及危害状	5	
15	蝗虫类食叶害虫的识别	正确识别短额负蝗、棉蝗成虫、若虫及危害状	5	
16	问题思考与答疑	在整个实训过程中开动脑筋，积极思考，正确回答问题	5	
合　计				

 **实训报告**

评语		成绩	
	教师签字　　　　日期	学时	
姓名		学号		班级	
实训名称			

写出所观察的害虫名称、分类地位、危害寄主及主要识别特征。

园林植物吸汁类害虫的识别

·········· （建议 4 课时）··········

实训目标

（1）通过实训，能识别当地园林植物主要吸汁类害虫的形态特征及危害特点。

（2）能根据园林植物吸汁类害虫种类选择适当的药剂，设计综合防治方案并组织实施。

（3）通过实训，培养学生观察能力、比较能力和发现问题的能力。

实训材料和仪器用具

1. 实训材料

吸汁类害虫、植物受害状、微型昆虫玻片等标本。根据季节采集新鲜吸汁类害虫。

2. 器材

体视显微镜、生物显微镜、放大镜、解剖针、镊子、挑针、培养皿、昆虫针、蜡盘、多媒体课件。

任务提出

授课教师把准备好的各种标本分发到每一小组，放在实训台上。布置实训任务：识别园林植物主要吸汁类害虫的形态特征及危害特点；根据园林植物吸汁类害虫种类选择适当的药剂，设计综合防治方案并组织实施。

任务分析

要识别园林植物主要吸汁类害虫种类，必须掌握吸汁类害虫的形态及危害特征，并根据这些特点选择适当的药剂，设计综合防治方案来组织实施。

实训内容

（1）叶蝉类吸汁害虫的识别。

（2）蚜虫类吸汁害虫的识别。

（3）蚧类吸汁害虫的识别。

（4）粉虱类吸汁害虫的识别。

（5）木虱类吸汁害虫的识别。

（6）蟓类吸汁害虫的识别。

（7）蓟马类吸汁害虫的识别。

（8）螨类吸汁害虫的识别。

 **实训要求**

（1）实训前要了解园林植物主要吸汁类害虫的种类及危害情况。

（2）要认真、仔细观察供试实训材料，肉眼观察不清楚的，用放大镜或显微镜观察，并做好记录。

（3）注意保护标本，以防损坏。

相关知识回顾

一、叶蝉类吸汁害虫

1. 大青叶蝉

又名大绿浮尘子、桑浮尘子，属同翅目、叶蝉科。分布广泛，食性杂，危害多种植物，主要是产卵危害，把卵产于树木皮层内，形成伤口，冬天易梢条枯干，严重影响树木生长。

成虫雌虫体长 9.4～10.1mm，头宽 2.4～2.7mm；雄虫体长 7.2～7.3mm，头宽 2.3～2.5mm。头部颜面淡褐色，两颊微青，在颊区近唇基缝处左右各有 1 个小黑斑；触角窝上方、2 单眼之间有 1 对黑斑。复眼三角形、绿色。前胸背板淡黄绿色，后半部深青绿色。小盾片淡黄绿色。前翅绿色带有青蓝色泽，前缘淡白，端部透明，翅脉为青黄色，具有狭窄的淡黑色边缘。后翅烟黑色，半透明。腹部背面蓝黑色两侧及末节色淡为橙黄带有烟黑色，胸、腹部腹面及足橙黄色。

卵长卵圆形，长 1.6mm、宽 0.4mm，白色微黄，中间微弯曲蛾，一端稍细，表面光滑。

若虫共 5 龄，1、2 龄若虫体色灰白色而微带黄绿色，2 龄色略深，头冠部皆有 2 黑色斑纹，胸腹部背面无条纹。3 龄若虫体色黄绿，除头冠部具 2 黑斑外，胸、腹部背面出现 4 条暗褐色条纹，翅芽出现。5 龄若虫中胸翅芽后伸，几乎与后胸翅芽等齐。

2. 黑蚱蝉

又名蚱蝉、知了等，属同翅目、蝉科。国内分布广泛，危害多种园林植物。

成虫雄虫体长 44～48mm，翅展 125mm。体黑色，有光泽，披金色绒毛。复眼淡赤褐色，头部中央及颊上方有红黄色斑纹；中胸背板宽大，中央有黄褐色的"X"形隆起；前翅前缘淡黄褐色，基部黑色，亚前缘缘室黑色，前翅基部 1/3 黑色，翅基室黑色，具 1 淡黄褐色斑点；后翅基部 2/5 黑色，翅脉淡黄色及暗黑色；体腹面黑色；足淡黄褐色，腿节的条纹、胫节的基部及端部黑色；腹部第 1、2 节有鸣器，腹盖不及腹部之半。雌虫体长 38～44mm，无鸣器，有听器，腹盖很不发达，产卵器甚显著。

卵长椭圆形，稍弯曲；长 2.4mm，宽 0.5mm，乳白色，有光泽。

末龄若虫体长约 35mm，黄褐色，前足开掘式，翅芽非常发达。

二、蚜虫类吸汁害虫

1. 棉蚜

属同翅目、蚜科。分布全国各地。寄主植物近 300 种。以成虫和若虫群集在寄主植物的嫩梢、花蕾、花朵和叶背，吸取汁液，使叶片皱缩，影响开花，同时诱发煤污病。

成虫无翅胎生雌蚜体长 1.5～1.8mm，夏季黄绿色，春秋季棕色至黑色，体外披有蜡粉；复眼黑色；触角 6 节，仅第 5 节端部有 1 感觉圈；腹管圆筒形，基部较宽，尾片圆锥形，近中部收缩。有翅胎生雌蚜，体长 1.2～1.9mm，黄色、浅绿色或深绿色，前胸背板黑色，腹部两侧有 3～4 对黑色斑纹；触角 6 节，感觉圈着生在第 3、5、6 节上，第 3 节上有成排的感觉圈 5～8 个；腹管黑色，圆筒形，上有覆瓦状纹；尾片黑色，形状同无翅型。

卵椭圆形，长约 0.5mm，漆黑色，有光泽。

无翅若蚜复眼红色，无尾片，夏季多为黄白色至黄绿色，秋季蓝灰色至蓝绿色。有翅若蚜虫体披蜡粉，体两侧有短小的褐色翅芽，夏季黄褐色或黄绿色。

2. 夹竹桃蚜

属同翅目、蚜科，分布广。主要危害夹竹桃，常盖满 10cm 长的嫩梢，造成严重危害。其排泄物可诱发煤污病，影响生长和观赏。

无翅孤雌蚜体卵圆形，长约 2.3mm，体黄色或金黄，腹管、足黑色，触角第四节黑色，第六节鞭部约为基部的 3.6 倍，尾片舌状，中部收缩，有长曲毛 11～14 根。

有翅孤雌蚜体长卵形，长约 2.1mm，头、胸黑色，腹部色较淡，有黑色斑纹，后胫节黑色，腹部第 2～4 节有小缘瘤，尾片舌片，有长曲毛 13～19 根。

3. 菊小长管蚜

又名菊姬长管蚜，属同翅目、蚜科。分布广。危害菊花、香叶菊等属植物。成虫和若虫常集中在嫩梢和叶柄危害，秋季在菊花开花前，还可群集危害花梗、花蕾，从而影响新叶展开、嫩梢生长及花蕾开花。是菊花生产上的一种重要害虫。

无翅胎生雌蚜体长 2.0～2.5mm，深红褐色，有光泽；触角、腹管、尾片暗褐色；体具较粗长毛；腹管圆筒形，基部宽，向端部渐细，其末端表面呈网眼状；尾片圆锥形，末端尖，表面有齿状颗粒，有曲毛 11～15 根。

有翅胎生雌蚜体呈长卵形，暗赤褐色。腹部斑纹较无翅型显著；触角第 3 节有次生感觉圈 16～26 个，第 4 节 2～5 个；腹管、尾片形状同无翅型，尾片毛 9～12 根。

三、蚧类吸汁害虫

1. 草履蚧

属同翅目、硕蚧科。危害多种花木。若虫和成虫常聚集在树干基部或嫩枝、幼芽等处，吮吸汁液危害，影响花木生长。

雌成虫体长椭圆形，长 7.8～10.0mm，黄褐色或红褐色，体披细毛和白色蜡粉，腹部有横皱褶和纵沟，形似草鞋，故称草履蚧；体节分节明显，腹部背面可见 8 节；触角多为 8 节，少数 9 节；胸气门 2 对，腹气门 9 对孔口圆形；口器发达；虫体背、腹两面有体刺和体毛分布。雄成虫紫红色，长 5～6mm，翅 1 对，淡黑色，触角丝状，10 节。

卵椭圆形。初产时黄白色，渐变为黄赤色。卵产于卵囊中，卵囊白色。

若虫外形与雌成虫相似，但较小。

雄蛹圆筒形，褐色，外披白色棉状物。

2. 红蜡蚧

又名红蜡虫、红粉蚧、红虱子，属同翅目、蚧科。分布于长江以南各地，北方温室内也有发生。是花木上常见的蚧虫，该虫食性杂，可危害 100 多种植物，主要危害枸骨、白玉兰、山茶、蔷薇等花木。若虫和成虫聚集在枝叶上，吮吸汁液危害。雌虫多发生在枝条和叶柄上，而雄虫则多在叶柄和叶片主脉处，能诱发煤污病。

雌成虫体椭圆形，暗红色，长 2.5mm。介壳近椭圆形，蜡质坚厚，长 3～4mm，初呈玫瑰红色，后呈紫红色。老熟时背面隆起呈半球形，顶部凹陷，有 4 条白色蜡带向上卷起，介壳中央有 1 白色脐状点。雄虫至化蛹时介壳长椭圆形，暗紫红色。雄成虫体长 1mm，翅展 2.4mm，白色，半透明。触角 10 节，顶端有 3～4 根长毛。

卵椭圆形，淡紫红色，长 0.3mm。

初孵若虫扁平椭圆形，灰紫红色。2 次脱皮后，体背覆以白色透明蜡质。

蛹长椭圆形，紫红色，长约 1mm。

3. 日本龟蜡蚧

属同翅目、蚧科。分布于全国各地。食性杂，危害蜡梅、夹竹桃、含笑等多种花木。若虫和雌成虫在枝梢和叶背中脉处，吮吸汁液危害，严重时枝叶干枯，并能诱发煤污病。

雌成虫体宽卵圆形，红褐色，体长约 4mm，体表覆盖 1 层坚实不透明的灰白色蜡壳，并在表面和侧面划分块状，背部中央隆起较高，雌成虫产卵时可见背面 1 块蔷薇色的中心板和 8 块褐红色的缘板，状如龟背。雄成虫体棕褐色，长椭圆形，长约 1mm，翅展约 2mm，翅 1 对，无色透明，具有 2 条脉。

卵长椭圆形，长约 0.27mm，初产时呈乳黄色，孵化前为橙红色。

初孵若虫椭圆形，扁平，淡黄色，长约 0.4mm。雌若虫蜡壳相似，雄若虫蜡壳椭圆形，雪白色，周围有放射状蜡芒 13 根。

蛹长椭圆形，紫褐色，长约 1mm。

4. 吹绵蚧

属于同翅目、蚧科。原产澳洲，现在广布于热带和温带较温暖的地区。危害芸香科、蔷薇科、豆科、山茶科等几十种植物。若虫和成虫群集在枝叶上，吮吸汁液危害。发生严重时，叶色发黄，枝梢枯萎，引起落叶，影响植物生长，并能诱发煤污病，降低观赏价值。

雌成虫橘红色，椭圆形，长 4~7mm，宽 3~5.5mm，腹面扁平，背面隆起，呈龟甲状，触角黑褐色，11 节，体外覆盖有白色而微带黄色的蜡质粉及絮状纤维。腹部后方有白色半卵形卵囊，初时甚小，后随产卵而增大，囊表有脊状隆起线 14~16 条，卵产于囊中。雄成虫体小而细长，橘红色，长约 3mm，有长而狭的黑色前翅 1 对，后翅退化为平衡棒。

卵长椭圆形，初产时为橙黄色，长 0.65mm，宽 0.29mm，日久渐变橘红，密集于卵囊内。

初孵若虫长 0.66mm，宽 0.32mm。体呈卵圆形，橘红色。触角端部膨大，有 2 根长毛，腹部末端有 3 根长毛；2 龄若虫背面红褐色上覆黄色粉状蜡层，体毛增多；3 龄若虫，体隆起甚高，体色暗淡，黄白色蜡粉及絮状纤维薄而布满身体，触角 9 节。口器外部突起及足均黑色。

蛹橘红色，长 3.5mm，茧长椭圆形，白色，由疏松蜡丝组成。

四、粉虱类吸汁害虫

1. 温室粉虱

又名白粉虱，属同翅目、粉虱科。分布于东北、华北、江浙一带。是一种分布很广的露地和温室害虫。危害瓜叶菊、金盏菊、一串红、一品红、月季、大丽花等 70 多种观赏植物。主要以成虫和若虫群集在寄主植物叶背，吮吸汁液危害。严重时，导致叶片褪色、凋萎，直至干枯，直接影响植物光合作用。此外，该虫能分泌蜜露，诱发煤污病。

成虫体淡黄白色，体长 1.0~1.2mm，展翅 2.0~2.3mm。复眼赤红色，触角短丝状，7 节，翅 2 对，膜质，覆盖白色蜡粉，前翅有一长一短 2 条脉，后翅有 1 条脉。

卵初产淡黄色，后变紫黑色。卵表面覆盖白色蜡粉。

若虫体长约 0.5mm，扁平，椭圆形，黄绿色。体缘及体背具数十根长短不一的蜡丝，2 根尾须稍长。腹背末端具浅褐色排泄孔。

蛹椭圆形，中央突起，淡黄色。蛹体周围有纵向褶皱，蛹背有 10~11 对刚毛状蜡刺，蜡刺易断裂。

2. 黑刺粉虱

又名橘刺粉虱，属同翅目、粉虱科。分布于浙江、江苏、广州等地。危害蔷薇、月季、榕树、樟树、柑橘等花木。以若虫群集在叶片背面吸食汁液，严重发生时每片叶片上有虫数百头。其排泄物能诱发煤污病使枝叶发黑，枯死脱落，有碍观赏。

成虫体长约 1.0~0.3mm，体橙黄色，覆有蜡质白色粉状物。前翅紫褐色，有 7 个不规则的白斑，后翅无斑纹，较小，淡紫褐色。复眼红色。

卵长肾状形，基部有 1 小柄，黏附在叶片背面。初产时淡黄色，孵化前呈紫黑色。

若虫共 3 龄。初孵若虫椭圆形，体扁平，淡黄色，体周缘呈锯齿状，尾端有 4 根尾毛，后渐转黑色，并在体躯周围分泌 1 白色蜡圈，随虫体增大，蜡圈也增粗。老熟若虫体深黑色，体背有 14 对刺毛，周围白色蜡圈明显。

蛹椭圆形，初化蛹时乳黄色，透明，后渐变黑色。蛹壳黑色有光泽，椭圆形，周围附有白色绵状蜡质边缘，背面中央 1 隆起的纵脊，体背盘区胸部有 9 对刺，腹部有 10 对刺，两边边缘雌蛹有刺 11 对，雄蛹 10 对，向上竖立。

五、木虱类吸汁害虫

梧桐木虱：

属同翅目、木虱科。分布于江苏、浙江、陕西、山东等省。只危害梧桐。常以成虫和若虫群集于嫩梢或枝叶上，尤以嫩梢和叶背居多，吮吸汁液，若虫分泌白色棉絮状蜡质物，影响树木光合、呼吸作用，同时诱发煤污病。危害严重时，树叶早落，枝梢干枯。

雌成虫黄绿色，体长 4～5mm，翅展 13mm。复眼深赤褐色，触角黄色，最后 2 节黑色。末端具 2 刺毛。前胸背板弓形，前后缘黑褐色，中胸背盾片上具淡褐色纵纹两条，中央有 1 浅沟，盾板具有纵纹 6 条，中胸小盾片淡黄色，后缘色较暗，后胸盾片处生有 2 个圆锥状突起。足淡黄色，跗节暗褐色，爪黑色。前翅无色透明，脉纹茶黄色。腹部背板浅黄色，各背板前缘饰以褐色横带。雄虫体色和斑纹大致与雌虫相似，但体稍小。

卵略呈纺锤形，一端稍尖，长约 0.7mm，初产时淡黄白色或黄褐色，孵化前变为红褐色。

若虫共 3 龄。1 龄若虫体扁，略呈长方形，淡茶黄色，半透明，体表覆盖薄蜡质，触角 6 节；2 龄若虫体色较前略深，触角 8 节，前翅芽色深 3 龄若虫体略呈长圆筒形，覆盖较厚的白色蜡质，全体灰白而微带蓝色，触角 10 节，翅芽发达，透明，淡褐色。

六、蝽类吸汁害虫

1. 绿盲蝽

属半翅目、盲蝽科。分布全国各地。除危害月季外，还危害菊花、一串红、木槿、石榴、桃花等多种花木。成虫和若虫用口针刺害嫩叶、叶芽和花蕾。被刺害的叶片，几天后出现黑斑和孔洞，受害严重时，叶片发生扭曲皱缩。花蕾被刺害后，受害处渗出黑褐色汁液。叶芽嫩尖受害后，呈焦黑色，不能发叶。

成虫体绿色，较扁平。体长约 5mm，宽约 2.2mm。复眼红褐色。触角淡褐色。前胸背板深绿色，有许多小黑点，小盾片黄绿色。翅的革质部分全为绿色，膜质部分半透明，呈暗灰色。

卵长口袋形，微倾斜，黄绿色，长约 1mm。卵盖乳黄色，中央凹陷，两端突起。

若虫体色鲜绿色。复眼灰色。体表密披黑色细毛。翅芽尖端黑色，达腹部第 4 节。

2. 梨花网蝽

又名梨军配虫，属半翅目、网蝽科。分布广泛，危害梅花、樱花、月季、杜鹃、桃、梨等花木。成虫和若虫在叶背面刺吸汁液，受害叶正面形成苍白色斑点，叶背面可见锈黄色。受害严重时，叶片枯黄脱落。

成虫体扁平，长 3.5mm，黑褐色，前胸两侧向外突出如军配，前胸背板中央纵向隆起，向后延伸成叶状突起。前翅略呈长方形，胸背及翅均布有网状纹。

卵椭圆形，一端略弯曲，长 0.4～0.6mm，初产时淡绿色，半透明，后变为淡黄色。

若虫共 5 龄。初孵若虫乳白色，近透明，后变深褐色。头、胸、腹部两侧各有明显的锥状刺突。

七、蓟马类吸汁害虫

蓟马是缨翅目昆虫的通称。蓟马大多为植食性害虫，以其锉吸式口器刮破植物表皮，口针插入组织内吸食汁液，受害处常呈黄色斑纹，发至嫩芽，新叶凋萎，叶片卷曲、皱缩，甚至全叶枯黄。植物花器被蓟马危害后，花朵很快就凋谢；在热带和亚热带地区，还有相当数量的植食性种类可形成虫瘿，严重影响了园林植物的观赏价值。有的蓟马在危害植物的同时还可以传播植物病毒。目前全世界已记录的蓟马种类近 600 种，我国已知近 200 种。

榕蓟马：

又名榕母蓟马、榕管蓟马、榕树蓟马。分布于福建、浙江、广州等地。危害榕树、无花果等，以成虫、若虫吸食嫩芽、嫩叶，在叶背形成大小不一的紫褐色斑点，进而沿中脉向叶面折叠，形成饺子状的虫瘿，叶内常有几十至上百头若虫、成虫危害，是榕树等的重要害虫之一。

雌成虫体长 2.6mm，雄成虫体长 2.0～2.2mm，体黑色，有光泽。触角 8 节，念珠状，翅无色透明，前翅较宽，翅缘直。雄虫腹部第 9 节侧鬃及管状体均短于雌虫。卵肾形，乳白色。若虫 4 龄。

八、螨类吸汁害虫

1. 朱砂叶螨

又名棉红蜘蛛，属叶螨科、叶螨属。是世界性的害螨，也是许多花卉的主要害螨。危害多种花卉和温室植物。受害叶初呈黄白色小斑点，后逐渐扩展到全叶，造成叶片卷曲，枯黄脱落。

雌螨体长 0.55mm，体宽 0.32mm。体形椭圆，锈红色或深红色。须肢端感器长约为宽的 2 倍，背感器梭形，与端感器近等长。气门沟末端呈 U 形弯曲。后半体背表皮纹构成菱形图形。背毛 26 根，其长超过横列间距。各足爪间突裂开为 3 对针状毛。

雄螨体长 0.36mm，宽 0.20mm。须肢端感器长约为宽的 3 倍，背感器稍短于端感器。足第 1 跗节爪间突呈 1 对粗爪状，其背面具粗壮的背距。阳具弯曲向背面形成端锤，其近侧突起尖利或稍圆，远侧突起尖利。

卵圆球形，直径 0.13mm。初产时透明无色，后渐变为橙黄色。

幼螨近圆形，半透明，取食后体色呈暗绿色，足 3 对。

若螨椭圆形，体色较深，体侧有较明显的块状斑纹，足 4 对。

2. 柑橘全爪螨

又名柑橘红蜘蛛，属叶螨科、全爪螨属。分布于陕西、江苏、浙江广州等地。危害柑橘类、桂花、蔷薇等花木。受害叶片正面出现许多灰白色小点，失去光泽，严重时一片苍白，造成大量落叶，使花木失去观赏价值。

雌螨体长 0.35mm，体宽 0.27mm。体呈圆形，背面隆起，深红色，背毛白色，共 26 根，着生于粗大的红色毛瘤上，其长超过横列间距。足 4 对，橘黄色。须肢端感器顶端略呈方形，背感器小枝状。气门沟末端膨大。

雄螨体长 0.35mm，体宽 0.7mm。鲜红色，后端较狭，呈楔形。阳具柄部向背面，形成 S 形的钩部。

卵球形，略扁，红色有光泽，卵上有 1 垂直的柄，柄端有 10～12 条细丝，向四周散射伸出，附着于叶面上。

幼螨体长 0.2mm，初孵时淡红或黄色，足 3 对。

若螨形状、色泽近似成螨，但个体较小，足 4 对。经 3 次脱皮后为成螨。

任务实施

步骤一：叶蝉类吸汁害虫的识别。

观察大青叶蝉、小绿叶蝉等吸汁害虫的标本和植物受害状，比较其体形大小、颜色、前胸背板和小盾片的斑纹数目、颜色、形状。

步骤二：蚜虫类吸汁害虫的识别。

用生物显微镜观察棉蚜、桃蚜、菊小长管蚜、月季长管蚜等蚜虫标本和植物受害状。

步骤三：蚧类吸汁害虫的识别。

观察草履蚧、红蜡蚧、日本龟蜡蚧、角蜡蚧、吹绵蚧等吸汁害虫的标本及受害植物，识别各类害虫的形态特征。

步骤四：粉虱类吸汁害虫的识别。

观察柑橘粉虱、黑刺粉虱、白粉虱和温室粉虱等害虫的标本及受害植物，识别各类害虫的形态特征。

步骤五：木虱类吸汁害虫的识别。

观察梧桐木虱的标本及受害植物，识别梧桐木虱的形态特征。

步骤六：蝽类吸汁害虫的识别。

观察麻皮蝽、绿盲蝽、梨网蝽等害虫的标本及受害植物，识别各类害虫的形态特征。

步骤七：蓟马类吸汁害虫的识别。

观察花蓟马、烟蓟马、黄胸蓟马和榕管蓟马等害虫的标本及受害植物，识别各类害虫形态特征。

步骤八：螨类吸汁害虫的识别。

用显微镜观察识别朱砂叶螨、柑橘全爪螨等标本，观察螨类吸汁害虫的危害状。

实训任务评价

序号	评价项目	评价标准	评价分值	评价结果
1	叶蝉类吸汁害虫的识别	正确识别大青叶蝉、小绿叶蝉等害虫的形态特征及危害状	10	
2	蚜虫类吸汁害虫的识别	正确识别棉蚜、桃蚜、菊小长管蚜、月季长管蚜等害虫的形态特征及危害状	10	
3	蚧类吸汁害虫的识别	正确识别草履蚧、红蜡蚧、日本龟蜡蚧、角蜡蚧、吹绵蚧等害虫的形态特征及危害状	20	
4	粉虱类吸汁害虫的识别	正确识别柑橘粉虱、黑刺粉虱、白粉虱和温室粉虱等害虫的形态特征及危害状	10	
5	木虱类吸汁害虫的识别	正确识别梧桐木虱的形态特征及危害状	10	
6	蝽类吸汁害虫的识别	正确识别麻皮蝽、绿盲蝽、梨网蝽等害虫的形态特征及危害状	10	
7	蓟马类吸汁害虫的识别	正确识别花蓟马、烟蓟马、黄胸蓟马和榕管蓟马等害虫的形态特征及危害状	10	
8	螨类吸汁害虫的识别	正确识别朱砂叶螨、柑橘全爪螨等害虫的形态特征及危害状	10	
9	问题思考与答疑	在整个实训过程中开动脑筋，积极思考，正确回答问题	10	
合　计				

实训报告

评语				成绩	
		教师签字	日期	学时	
姓名		学号		班级	
实训名称	园林植物吸汁类害虫的识别				

1. 比较所供观察的蚜虫的形态特征和危害特点。

2. 比较所供观察的蚧类吸汁害虫的形态特征和危害特点。

3. 总结吸汁类害虫的危害特性，并列出本地主要的吸汁类害虫的名录。

实训任务九

园林植物钻蛀类害虫的识别

（建议 2 课时）

实训目标

（1）通过实训，能识别当地园林植物主要钻蛀类害虫的形态特征及危害特点。

（2）能根据园林植物钻蛀类害虫种类选择适当的药剂，设计综合防治方案并组织实施。

（3）通过实训，培养学生观察能力、比较能力和发现问题的能力。

实训材料和仪器用具

1. 实训材料
钻蛀类害虫的生活史标本及植物受害状。

2. 器材
体视显微镜、放大镜、解剖针、镊子、挑针、培养皿、蜡盘、多媒体课件。

任务提出

授课教师把准备好的各种标本分发到每一小组，放在实训台上。布置实训任务：识别园林植物主要钻蛀类害虫的形态特征及危害特点；根据园林植物钻蛀类害虫种类选择适当的药剂，设计综合防治方案并组织实施。

任务分析

要识别园林植物主要钻蛀类害虫种类，必须掌握钻蛀类害虫的形态及危害特征，并根据这些特点选择适当的药剂，设计综合防治方案来组织实施。

实训内容

（1）天牛类害虫的识别。

（2）吉丁甲类害虫的识别。

（3）透翅蛾类害虫的识别。

（4）螟蛾类害虫的识别。

（5）夜蛾类害虫的识别。

（6）卷蛾类害虫的识别。

 实训要求

（1）实训前要了解园林植物主要钻蛀类害虫的种类及危害特点。

（2）要认真、仔细观察供试实训材料，肉眼观察不清楚的，用放大镜或显微镜观察，并做好记录。

（3）注意保护标本，以防损坏。

相关知识回顾

一、天牛类害虫

天牛属鞘翅目，天牛科。种类很多，全世界已知 2 万种以上，我国亦有 2000 种，主要以幼虫钻蛀植物茎干，在韧皮部和木质部蛀道危害，是园林植物重要的蛀茎干害虫。

1. 星天牛

又名柑橘星天牛。该虫在南方发生普遍且严重。成虫啃食枝干嫩皮；初龄幼虫在产卵疤附近取食，3 龄后蛀入木质部，影响树木生长，受害严重的树易风折枯死。

成虫体长 27～41mm，体翅黑色有光泽，触角鞭状 12 节，第 1、2 节黑色，3～11 节每节基部呈蓝灰色，端部黑色，雄虫触角特别长，超过体长 1 倍。每鞘翅有大小不等的白色绒毛 20 个左右，鞘翅基部密布黑色小颗粒。

卵长椭圆形，约 5～6mm，初产时乳白色，后逐渐变黄白至灰褐色。

老熟幼虫体长 39～60mm，乳白色至淡黄色，头部褐色。前胸背板前方左右各有 1 个黄褐色飞鸟形斑纹，后方有 1 块黄褐色"凸"字形斑纹，略呈隆起。

蛹乳白色，裸蛹，长 30～38mm，羽化前变褐色。

2. 光肩星天牛

危害多种园林植物。成虫取食嫩枝和叶脉；幼虫蛀食韧皮部和边材，并在木质部内蛀成不规则的坑道，严重阻碍养分的输送，影响植物正常生长，使枝干干枯，甚至全株死亡或风折。

成虫体长 20～35mm，宽 7～12mm，体漆黑，有光泽。头比前胸略小，中央有 1 纵沟。触角鞭状，基部膨大，第 2 节最小，第 3 节最长，以后各节逐渐短小，自第 3 节开始，各节基部呈蓝灰色。前胸两侧各有 1 较尖锐的刺状突起。每鞘翅各有 20 个左右的白色绒毛斑，鞘翅基部光滑，无颗粒状突起。

卵长椭圆形，两端稍弯曲，初为乳白色，近孵化时呈黄褐色，长 5.5～7mm。

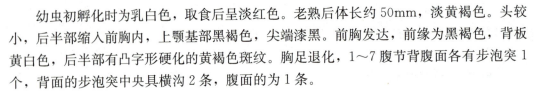

幼虫初孵化时为乳白色，取食后呈淡红色。老熟后体长约50mm，淡黄褐色。头较小，后半部缩入前胸内，上颚基部黑褐色，尖端漆黑。前胸发达，前缘为黑褐色，背板黄白色，后半部有凸字形硬化的黄褐色斑纹。胸足退化，1～7腹节背腹面各有步泡突1个，背面的步泡突中央具横沟2条，腹面的为1条。

蛹为离蛹，乳白色，体长30～37mm。

3. 云斑天牛

又名云斑白条天牛。危害多种行道树和庭院树。

成虫体长34～61mm，黑褐色至褐色，密布灰白色和灰褐色绒毛。体两侧自复眼后方至腹部末端有1条白色纵带。前胸背板中央有1对白色或淡黄色肾形斑，两侧各有1粗大尖刺突。每个鞘翅上均有白色或黄色大小不等的云状绒毛斑。

卵黄白色，长椭圆形，长6～10mm。

老熟幼虫体长70～80mm，乳白色或淡黄色。前胸背板上有一个大的"凸"形斑纹，密布褐色颗粒，前方中线两侧各有1黄白色小圆点，其上生1根刚毛。

蛹淡黄白色，长40～70mm，腹部末端锥状，锥尖斜向后上方。

4. 桑天牛

又名黄褐天牛。分布广，几乎遍及全国各地。危害多种园林植物及果树。

成虫体长26～51mm，体、翅黑色，密布黄褐色短绒毛。头顶中央有1条纵沟，触角比体稍长。前胸背板近方形，有许多横皱纹，两侧各有1刺突。鞘翅中缝、侧缝及端缘通常有1条青灰色狭边，鞘翅基部密布黑色小颗粒，鞘翅末端内外角有刺状突起。

卵长椭圆形，5～7mm，一端较细，略弯曲，乳白色，孵化时为淡褐色。

老熟幼虫体长45～60mm，黄白色，前胸特别发达，背板后半部密生赤褐色粒状小点，向前伸展成3对尖叶状纹。

蛹纺锤形长约50mm，黄白色，腹部1～6节背面两侧各有1对刚毛区，尾端尖削，其上轮生刚毛。

二、吉丁甲类害虫

属鞘翅目，吉丁甲科。其幼虫大多数在树皮下、枝干或根内钻蛀，俗称"溜皮虫""串皮虫"。

六星吉丁甲：

成虫体长10mm，茶褐色，体略呈纺锤形，有金属光泽。鞘翅有6个绿色斑点，腹面金绿色。

卵椭圆形，乳白色。

老熟幼虫体长约30mm，身体扁平，头小，胴部白色，胸部第1节特别膨大，中央黄褐色"人"形纹，第3、4节短小，以后各节逐渐增大。

三、透翅蛾类害虫

透翅蛾属鳞翅目，透翅蛾科。以幼虫钻蛀木本植物的茎、枝，常造成严重危害。

葡萄透翅蛾：

分布广。以幼虫蛀食葡萄髓部，受害处膨大如瘤，致使葡萄叶变黄，茎干容易折断，甚至枯死。

成虫体长 18～20mm，翅展 25～36mm，全体蓝黑色。头部颜面白色，头顶、下唇须前半部、颈部以及后胸两侧黄色，触角紫黑色。前翅红褐色，前缘及翅脉黑色，后翅透明。腹部具有 3 条黄色横带，以第 4 节的 1 条为最宽。雄蛾腹部末端有 1 束长毛丛。

卵紫褐色，椭圆形，略扁平，长约 1.1mm。

老熟幼虫体长 35～40mm，圆筒形。头部红褐色，胴部淡黄白色，老熟时带紫色，前胸背板上有倒"八"字形纹。

蛹体长 18mm 左右，红褐色，椭圆形。腹部第 2～6 节背面有两行刺，第 7～8 节背面有 1 行刺，末节腹面具有 1 列刺。

四、螟蛾类害虫

螟蛾属鳞翅目，螟蛾科。其幼虫多为植食性，喜隐蔽生活。危害园林植物的螟蛾除卷叶、缀叶的食叶性害虫外，还有钻蛀性的。

1. 微红梢斑螟

分布广，是我国松林产区的重要害虫。以幼虫钻蛀主梢及侧梢，顶梢受害后变黄枯萎，引起侧枝丛生，连年受害，则树冠易成扫帚状。

成虫体长 10～16mm，展翅 23mm 左右。前翅灰褐色，中室端部有 1 肾形大白斑，白斑与翅基之间有 2 条白色波状横纹，白斑与外缘之间有 1 条波状横纹；外缘具黑色点列。后翅灰白色，无斑纹。

卵椭圆形，长 0.8～1.0mm，有光泽。初产时黄白色，孵化前暗赤色。

老熟幼虫体长 23～27mm。头和前胸背板红褐色。腹部淡褐色或淡绿色，各节有毛片 4 对，呈梯形排列，背面 2 对较小，侧面 2 对较大，毛片上各生有 1 根刚毛。

蛹红褐色，体长 11～15mm，腹末有 1 块黑褐色波状钝齿，其上生有 6 根臀棘，端部卷曲，中央 2 根较长。

2. 桃蛀螟

又名桃蠹螟。分布全国各地。

成虫体长 11～13mm，翅展 25mm 左右，金黄色。触角丝状。前后翅及胸腹背面有黑色斑点，前翅 27 个黑斑，后翅 14 个黑斑。腹部 1～5 节背面各节各有 3 个横列的黑斑，第 6 节只有 1 个黑斑，腹末有黑色毛丛。

卵椭圆形，长约 0.6mm，表面粗糙，有网状浅纹。初产时白色，逐渐变为褐色。

老熟幼虫体长 25mm 左右，体色变化较大，淡褐色、浅蓝灰色或暗红色等。背面紫红色，腹面多淡绿色。前胸背板褐色。体背面各节均有刚毛。

蛹长 13～15mm，褐色。腹末端有 6 根卷曲的臀棘。茧灰白色，茧上附有黄色木屑。

五、夜蛾类害虫

夜蛾属鳞翅目，夜蛾科。是鳞翅目中的一大科，除食叶害虫外，还有以幼虫钻蛀茎干内危害的种类。

1. 竹笋禾夜蛾

又名竹蛀虫。分布广。以幼虫蛀食竹笋，受害笋多不能成竹，少数成竹的，其材质很脆，易断头折梢。

成虫雌虫体长 17～21mm，翅展 36～44mm，雄虫略小。触角丝状灰黄色。雌蛾翅棕褐色，缘毛锯齿状，外缘线 2 条黑色，里面 1 条由 7～8 个黑点组成，亚外缘线、楔状纹与外缘线在顶角处组成灰黄色斑；雄蛾翅灰白色，外缘线 1 条，由 7～8 个黑点组成，肾状纹淡黄色，肾状纹外缘白纹与前缘、亚外缘线组成 1 个倒三角形深褐色斑，翅基深褐色。后翅灰褐色，翅基色浅。足深灰色，跗节各节末端有 1 个淡黄色环。

卵近圆形，长径 0.8mm，短径 0.7mm，乳白色。

老熟幼虫体长 36～50mm，头橙红色，体紫褐色。背线、亚背线白色，背线较细，亚背线较宽。前胸背板及臀板黑色，由背线分开，被分开部分橙红色，较宽。腹部第 2 节前半段亚背线缺，末节背面有 6 块小黑斑在背线两边分别以三角形排列，中间 2 块特别大。

蛹体长 18～21mm，初化蛹时青绿色，逐渐变成红褐色。腹末有 4 根臀棘，中间 2 根粗长。

2. 棉铃虫

又名棉铃实夜蛾。全国分布。幼虫食嫩叶和花朵，并蛀食花蕾，造成孔洞及花朵凋落，影响花卉生产与观赏。

成虫体长 17～19mm，翅展 35mm 左右。体青灰色或灰褐色。前翅长度等于体长，基线双线不清晰，内线双线褐色锯齿形，环形斑和肾形斑褐色，肾纹前方的前缘脉上有 2 个褐色纹，中线由肾纹下斜伸至翅后缘，末端达环纹正下方，亚端纹的锯齿较均匀，距外缘的宽度较一致。后翅灰黄色，翅脉褐色，外缘有茶褐色宽带，宽带靠近外缘处有 2 个相连的灰白色斑，斑与缘毛有褐色隔离。

卵半球形，卵高大于宽，表面有网纹。

老熟幼虫体长 45mm 左右。体色变化较大，体表有黄色网纹斑，背线 2～4 条，体侧有白色横线。

3. 烟夜蛾

分布于全国各地。危害月季、菊花等观赏植物叶片和花蕾。

成虫体长 15～18mm，翅展 27～35mm，体黄褐色，较棉铃虫略深，前翅长度短于体长，有明显的环状纹和肾状纹，中线向翅后缘直伸，末端达环纹外下方，亚端线锯齿参差不齐。后翅宽带略窄，中部灰斑直达外缘。此虫与棉铃虫相似，但各线纹清晰。

卵半球形，卵高小于宽，乳黄色。

老熟幼虫体长 31～35mm，头部黄色，具不规则的网状斑，体色多变，由黄到淡红色，虫体从头到尾均有褐色、白色、深绿色或宽或窄的条纹。

蛹黄绿色至黄褐色。

六、卷蛾类害虫

卷蛾属鳞翅目，卷蛾科。除食叶危害的种类外，还有许多钻蛀植物根、茎、花或种实的害虫。

1. 松实小卷蛾

又名松梢小卷蛾、马尾松梢小卷蛾。分布于山东、河南及长江以南马尾松林分布区。危害幼树的嫩梢及球果，使新梢枯萎弯曲，影响树木生长及观赏。

成虫体长约 7mm，翅展 11～19mm，体银灰褐色。头部赤褐色，有土黄色冠丛。前翅靠近翅基 1/3 处有较淡的银灰色纹 3～4 条，翅中央有 1 条较宽的银色阔带，外缘靠顶角处有数条银灰色钩状纹，近臀角处有 1 个肾形银色斑，斑内有 3 个小黑点；后翅暗灰色，无斑纹。

卵椭圆形，半透明，长约 0.8mm，黄白色，近孵化时红褐色。

幼虫体长 10mm 左右，体表光滑，无斑纹，前胸背板黄褐色，腹部黄白色，有时略带红色。

蛹纺锤形，长 6～9mm，茶褐色，腹部末端有 3 根臀棘。

2. 杉梢小卷蛾

分布于南方杉木栽培区。幼虫多危害 3～5 年生幼树主、侧嫩梢，引起枯尖，影响当年生长。

成虫体长 4.5～6.5mm，翅展 12～15mm，体暗灰色。前翅深黑褐色，基部有 2 条平行条斑，休息时两翅交叉出现 "X" 形条斑，近外缘还有 1 条斑，在顶角和前缘处分三叉状，这些条斑均为杏黄色，中间有银灰色条纹。后翅灰褐色。

卵扁圆形，乳白色，长 0.5～1mm，孵化前为黑褐色。

老熟幼虫体长 8～10mm，头、前胸背板及肛上板棕褐色，身体紫红色，每节中央有白色环。

蛹体长 5～7mm，褐色。腹部各背面有齿状突起 2 列，前列稀疏粗大，后列紧密细小。腹末有 8 根臀棘。

任务实施

步骤一： 天牛类害虫的识别。

观察星天牛、光肩星天牛、云斑天牛、桑天牛、桃红颈天牛等钻蛀类害虫的生活史标本及受害枝干受害枝蛀孔的特点；比较其成虫体形大小、颜色、胸背斑纹、点刻、刺突等特征和幼虫的大小、体色和前胸背板特征等。

步骤二： 吉丁甲类害虫的识别。

观察六星吉丁虫、柳吉丁各虫态的标本和植物受害枝干。

步骤三： 透翅蛾类害虫的识别。

观察葡萄透翅蛾、白杨透翅蛾的标本及受害植物枝干，识别各类害虫的形态特征。

步骤四： 螟蛾类害虫的识别。

观察微红梢斑螟、桃蛀螟等害虫的标本及受害植物枝干，识别各类害虫的形态特征。

步骤五： 夜蛾类害虫的识别。

观察竹笋禾夜蛾、棉铃虫、烟夜蛾的害虫标本及受害植物，识别各类害虫的形态特征。

步骤六： 卷蛾类害虫的识别。

观察松梢小卷蛾、杉梢小卷蛾的标本及受害植物，识别各类害虫的形态特征。

 **实训任务评价**

序号	评价项目	评价标准	评价分值	评价结果
1	天牛类害虫的识别	正确识别星天牛、光肩星天牛、云斑天牛、桑天牛、桃红颈天牛等害虫的形态特征及危害状	30	
2	吉丁甲类害虫的识别	正确识别六星吉丁虫、柳吉丁等害虫的形态特征及危害状	10	
3	透翅蛾类害虫的识别	正确识别葡萄透翅蛾、白杨透翅蛾等害虫的形态特征及危害状	10	
4	螟蛾类害虫的识别	正确识别微红梢斑螟、桃蛀螟等害虫的形态特征及危害状	20	
5	夜蛾类害虫的识别	正确识别竹笋禾夜蛾、棉铃虫、烟夜蛾的形态特征及危害状	10	
6	卷蛾类害虫的识别	正确识别松梢小卷蛾、杉梢小卷蛾等害虫的形态特征及危害状	10	
7	问题思考与答疑	在整个实训过程中开动脑筋，积极思考，正确回答问题	10	
合　计				

 **实训报告**

评语			成绩	
		教师签字　　　　日期	学时	
姓名		学号	班级	
实训名称	园林植物钻蛀类害虫的识别			

将本地区主要钻蛀类害虫进行归类比较，写出识别特征。

实训任务十

园林植物地下害虫的识别

（建议 2 课时）

 实训目标

（1）通过实训，能识别当地园林植物主要地下害虫的形态特征及危害特点。

（2）能根据园林植物地下害虫种类选择适当的药剂，设计综合防治方案并组织实施。

（3）通过实训，培养学生观察能力、比较能力和发现问题的能力。

 实训材料和仪器用具

1. 实训材料

蝼蛄类、金龟子类、地老虎类等地下害虫、植物受害状等标本。

2. 器材

体视显微镜、放大镜、镊子、挑针、培养皿、蜡盘、多媒体课件。

 任务提出

授课教师把准备好的各种标本分发到每一小组，放在实训台上。布置实训任务：识别园林植物主要地下害虫的形态特征及危害特点；根据园林植物地下害虫种类选择适当的药剂，设计综合防治方案并组织实施。

 任务分析

要识别园林植物主要地下害虫种类，必须掌握地下害虫的形态及危害特征，并根据这些特点选择适当的药剂，设计综合防治方案来组织实施。

 实训内容

（1）蛴螬类害虫的识别。

（2）蝼蛄类害虫的识别。

（3）地老虎类害虫的识别。

（4）蟋蟀类害虫的识别。

（5）白蚁类害虫的识别。

实训要求

（1）实训前要了解园林植物主要地下害虫的种类及危害情况。

（2）要认真、仔细观察供试实训材料，肉眼观察不清楚的，用放大镜或显微镜观察，并做好记录。

（3）注意保护标本，以防损坏。

相关知识回顾

一、蛴螬类害虫

蛴螬类是鞘翅目金龟子类幼虫的通称，属于鞘翅目金龟总科，除少数腐食性种类外，大部分为植食性，且多为杂食性，其成虫和幼虫均能对园林植物造成危害。危害树木、花卉、粮、棉、蔬菜等植物幼苗的地下部分，造成花木幼苗发育不良、萎黄枯死。成虫大量取食植物的花蕾、嫩芽。蛴螬的主要种类因地区而异。

铜绿丽金龟：

又名青金龟甲，属鞘翅目、金龟总科、丽金龟科。该虫分布广，危害樱桃、海棠、核桃、李、杨、柳、榆、桑等多种植物，幼虫生活在土中危害作物根系，成虫食芽、叶成不规则的缺刻或孔洞，或只剩叶脉和叶柄。

成虫体长 15～19mm，宽 8～10mm，椭圆形，身体背面铜绿色，有金属光泽。触角 9 节，鳃叶状，棒状部 3 节，黄褐色。复眼黑色，前胸背板，两侧边缘黄色。翅鞘上有 4～5 条纵隆脊，胸部腹面黄褐色，密生细毛，腹部淡黄白色，有 2 节露在鞘翅外，雄虫臀节背面前缘有一倒三角形铜绿色斑，其下方两边各有一个黑褐色小斑点，雌虫不显著。

幼虫中型，3 龄幼虫平均头宽 4.8mm，体长 30mm 左右，头部暗黄色，近圆形，前爪大，后爪小。腹部末端两节自背面观，为泥褐色且有微蓝色。肛门孔横裂状。

二、蝼蛄类害虫

又名土狗、地狗等，属直翅目、蝼蛄科。

非洲蝼蛄：

分布遍及全国。食性杂，以成虫、若虫食害作物幼苗的根部和靠近地面的幼茎，受害部呈不整齐的丝状残缺，致死幼苗枯死，并食害刚播下的种子。成虫、若虫常在表土层活动，钻筑隧道，造成幼苗的根与土壤脱离，干枯死亡。清晨在苗圃床面上可见大量不规则隧道，虚土隆起。

在南方 1 年完成 1 代，在北方 2 年完成 1 代，以成虫或 6 龄若虫越冬。翌年 3 月下

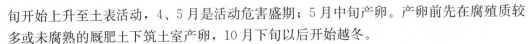

旬开始上升至土表活动，4、5月是活动危害盛期；5月中旬产卵。产卵前先在腐殖质较多或未腐熟的厩肥土下筑土室产卵，10月下旬以后开始越冬。

非洲蝼蛄昼伏夜出，取食、活动、交尾均在夜晚进行。具趋光性，往往在灯下能诱到大量蝼蛄。具有趋化性和趋厩肥习性，喜在潮湿和较黏的土中产卵。此外，嗜食香甜食物。活动与土壤温、湿度关系很大，土温16～20℃，含水量在22%～27%为最适宜，所以春秋两季较活跃，春季危害大于秋季，雨后或灌溉后危害较重。土中大量施未充分腐熟厩肥、堆肥，易导致蝼蛄发生，受害也就严重。

三、地老虎类害虫

又名土蚕、地蚕、夜盗虫等，属鳞翅目、夜蛾科。

小地老虎：

分布比较普遍，其严重危害地区为长江流域、东南沿海各省，在北方发生在地势低洼、地下水位较高的地区。食性很杂，幼虫危害果树、林木、粮、棉、油料、蔬菜等各种作物的幼苗，从地面截断植物或咬食未出土幼苗，如苗出土后主茎已硬化，也能咬食生长点影响植物的正常生长。

小地老虎在沿海地区发生6～7代。关于小地老虎越冬虫态问题，至今尚未完全了解清楚，一般认为以蛹或老熟幼虫在土中越冬。发生期依地区及年度不同而异，但大部分地区均以第1代幼虫在春季发生数量最多，造成危害最重，北部地区的危害盛期约在成虫盛发后20～30天；南部地区约在成虫盛发后15～20天。

小地老虎成虫昼伏夜出，晚上19:00～22:00为活动最盛。成虫活动与温度关系极大，在春季傍晚气温达8℃时即有活动。在适温范围内，气温越高，活动越频繁，有风雨的晚上活动减少。成虫对黑光灯有强烈趋性，嗜好糖、醋、蜜、酒等香甜物质。成虫补充营养后3～4天交配产卵，卵散产于杂草或土块上，每头雌虫产卵800～1000粒。1～2龄幼虫群集于幼苗顶心嫩叶处昼夜取食，3龄后即分散危害，白天潜伏于杂草或幼苗根部附近的表土干湿层之间，夜出咬断苗茎。当苗木木质化后，则改食嫩芽和叶片，也可把茎干端部咬断。如遇食料不足则迁移扩散危害，老熟后在土表5～6cm深处做土室化蛹。

小地老虎的发生与土壤湿度关系密切。以15%～20%土壤含水量最为适宜，故在长江流域及雨量充沛的地区，小地老虎发生严重。砂壤土、壤土、黏壤土发生多，砂土、重黏土发生少。圃地周围杂草多有利于越冬代成虫产卵，故而发生重。

四、蟋蟀类害虫

属直翅目、蟋蟀科，对园林植物危害严重的主要是大蟋蟀。成虫和若虫均能危害，在它生活的地区，几乎所有的园林植物均可受害。主要危害木麻黄、桉树、人面子、大叶相思等绿化树种的幼苗，是重要的苗圃害虫。

大蟋蟀：

成虫体长40～50mm，黄褐或暗褐色。头较前胸宽，触角丝状，长度比体稍长。前胸背板中央有1纵线，其两侧各有1个颜色较浅的楔形斑块。足粗短，后足腿节强大，胫节具2列4～5个刺状突起。腹部尾须长而稍大，雌虫产卵管短于尾须。

若虫外形与成虫相似，体色较浅，随虫龄的增长而体色逐渐转深。若虫一般 7 龄，翅芽出现于 2 龄以后，若虫体长与翅芽发育随虫龄的增大而增长。

五、白蚁类害虫

属等翅目昆虫，分土栖、木栖和土木栖 3 大类。它除了危害房屋、桥梁、枕木、船只、仓库、堤坝等之外，还是园林植物的重要害虫。在南方危害苗圃苗木的白蚁主要有家白蚁（属鼻白蚁科）、黑翅土白蚁和黄翅大白蚁（属白蚁科）。

黑翅土白蚁：

黑翅土白蚁广布于华南、华北和华东地区。根据全国初步普查，危害园林植物达90 余种，还能危及堤坝安全。营巢于土中，取食苗木的根、茎，并在树木上修筑泥被，啃食树皮，亦能从伤口侵入木质部危害。苗木受害后生长不良或整株枯死。

白蚁为社会性、性多型昆虫，每个蚁巢内有蚁王、蚁后、工蚁、兵蚁和生殖蚁等。其中生殖蚁由有翅型发育而成。

有翅成虫体长 12～14mm；翅展 45～50mm，头、胸、腹部背面黑褐色，腹面为棕黄色。翅黑褐色，全身覆有浓密的毛。触角 19 节。前胸背板略狭于头，前宽后狭，前缘中央无明显的缺刻，后缘中部向前凹入。前胸背板中央有一淡色的"十"字形纹，纹的两侧前方各有一椭圆形的淡色点，纹的后方中央有带分枝的淡色点。前翅鳞大于后翅鳞。

兵蚁体长 5～6mm。头暗深黄色，披稀毛。胸腹部淡黄至灰白，有较密集的毛。头部背面为卵形，长大于宽，最宽处在头的中段，向前端略狭窄。上颚镰刀型，左上颚中点的前方有 1 显著的齿，右上颚内缘的相当部位有 1 微齿，极小而不明显。

工蚁体长 4.6～4.9mm，头黄色，胸腹部灰白色。

蚁后无翅，腹部特别彭大。

蚁王头呈淡红色，全身色泽较深，胸部残留翅鳞。

任务实施

步骤一： 蛴螬类害虫的识别。
观察金龟子成虫和幼虫形态，识别幼虫危害苗木根系和成虫危害叶片形成的孔洞。

步骤二： 蝼蛄类害虫的识别。
观察蝼蛄成虫、若虫和卵的形态，比较成、若虫特征。并观察蝼蛄危害状。

步骤三： 地老虎类害虫的识别。
观察小地老虎、大地老虎、黄地老虎的成、幼虫特征，比较识别各类害虫的成、幼虫的形态特征和危害状。

步骤四： 蟋蟀类害虫的识别。
观察大蟋蟀的成、幼虫形态特征及危害状。

步骤五： 白蚁类害虫的识别。
观察家白蚁、黑翅白蚁、黄翅白蚁的生活史标本，识别各种白蚁的成、若虫特点。并观察白蚁危害的腐朽木及蚁巢特点。

实训任务评价

序号	评价项目	评价标准	评价分值	评价结果
1	蛴螬类害虫的识别	正确识别各种金龟子成虫和幼虫的形态特征及危害状	20	
2	蝼蛄类害虫的识别	正确识别不同种类的蝼蛄成虫、若虫和卵的形态特征及危害状	20	
3	地老虎类害虫的识别	正确识别小地老虎、大地老虎、黄地老虎的成、幼虫的形态特征及危害状	30	
4	蟋蟀类害虫的识别	正确识别大蟋蟀的成、幼虫的形态特征及危害状	10	
5	白蚁类害虫的识别	正确识别家白蚁、黑翅白蚁、黄翅白蚁成、若虫的形态特征及危害的腐朽木及蚁巢特点	10	
6	问题思考与答疑	在整个实训过程中开动脑筋，积极思考，正确回答问题	10	
合　计				

 **实训报告**

评语			成绩	
	教师签字　　　　日期		学时	
姓名		学号		班级	
实训名称	园林植物地下害虫的识别			

1. 描述所供观察的地下害虫各虫态的形态特征和危害状。

2. 简要概述地下害虫的危害特点。

园林植物叶、花、果病害的诊断与防治

·········· （建议4课时） ··········

 实训目标

（1）通过实训，熟悉主要园林植物叶、花、果的类型，通过对白粉病、锈病、灰霉病、炭疽病、叶斑病、叶畸形病、病毒病、煤污病等叶花果病害标本和病原形态的观察，了解叶花果病害的病原，掌握叶花果病害的典型症状、病原菌形态特征和诊断技术，为园林植物生产管理打好基础。

（2）通过实训，掌握园林植物不同类型叶、花、果的防治措施。

 实训材料和仪器用具

1. 实训材料

园林植物叶花果（白粉病、锈病、灰霉病、炭疽病、叶斑病、叶畸形病、病毒病）等新鲜、浸制、干制标本以及这些病害病原菌玻片标本。

2. 器材

显微镜、镊子、滴瓶、载玻片、盖玻片、挑针、蒸馏水。

 任务提出

授课教师把准备好的各种标本分发到每一小组，放在实训台上。布置实训任务：根据园林植物不同叶花果病害症状特点及病原形态，来识别不同类型叶花果病害。

根据病害类型，制定具体防治措施并正确实施。

 任务分析

要识别园林植物不同类型叶花果病害，必须掌握不同类型叶、花、果病害的症状特点、病原形态特征以及病害正确诊断方法。

要制定园林植物病害防治措施，就应该掌握病害防治原理。

（1）当地园林植物主要叶、花、果病害的症状观察与识别。

（2）当地园林植物主要叶、花、果病害的病原形态观察。

（3）制订当地园林植物主要叶、花、果病害的防治措施。

实训要求

（1）实训前认真复习园林植物主要病害及管理的相关内容。

（2）实训前从图书馆借取具有彩图的相关图书，并查阅相关资料和查看相关图片，了解当地园林植物病害的主要种类、病原形态特征和危害状等。

（3）观察中应仔细比较园林植物不同类型病害的病状特点、病原形态特征，并初步掌握各主要病害的病状特点、病原形态特征，边观察边绘制各主要病害病原的形态图。

（4）实训中要爱护标本及用具，不得随意损坏。

（5）带好纸笔，做好记录；遵守纪律，不要擅自离开集体。切记注意安全。

（6）本实训要求安排 4 学时，实训室 2 学时，室外绿地 2 学时。

（7）注意保护标本，以防损坏。

相关知识回顾

一、园林植物叶花果病害的症状特点

（一）炭疽病的症状特点

炭疽病主要发生在春季和初夏，可危害叶片、茎、枝梢、和果实。叶片上病斑多圆形或椭圆形。茎、枝梢上的病斑多椭圆形或长条形，凹陷。果实上的病斑多圆形，稍凹陷，可引起烂果。病部中央有黑色小粒点，多呈轮纹状排列，在潮湿下病部常有粉红色或橘红色黏液。如大叶黄杨炭疽病、桂花炭疽病、茶花炭疽病、梅花炭疽病等，如图 11-1～图 11-3 所示。

图 11-1　大叶黄杨炭疽病

图 11-2　桂花炭疽病

图 11-3 茶花炭疽病

（二）叶斑病类病害的症状特点

叶斑病是叶组织受到局部侵染，导致各种形状斑点病的总称。

园林植物发生的叶斑类病害较多，病原复杂，症状多样。如芍药褐斑病、月季黑斑病、大叶黄杨褐斑病、山茶灰斑病、桂花枝枯病、石楠褐斑病等。

1. 芍药褐斑病

芍药褐斑病是芍药、牡丹栽培品种上最常见的重要病害。主要危害植株的叶片、嫩茎，还危害植株的叶柄、叶脉、花及果实等部位。发病初期，感病植株叶片上出现浅绿色、隆起的圆形小点，随后扩展成直径为 7~12mm 圆形或不规则状的大斑，最后使整个叶子变焦、变褐。感病幼茎上产生红褐色条斑，病斑中央开裂稍下陷。花瓣上的病斑初为紫红色小点，严重时边缘枯焦。天气潮湿时，病斑上产生暗绿色霉层，为病原菌的分生孢子（见图 11-4）。

2. 月季黑斑病

主要危害叶片。感病初期叶片上出现褐色小点，以后逐渐扩大为圆形或近圆形紫黑色病斑，边缘呈不规则的放射状，病部周围组织变黄，病斑上生黑色小点，即病菌的分生孢子盘。严重时病斑连成一片，形成大斑，周围叶肉大面积变黄。病叶易于脱落，严重时整个植株下部叶片全部脱落，变为光干状（见图 11-5）。

图 11-4 芍药褐斑病（牡丹）　　　　图 11-5 月季黑斑病

3. 桃细菌性穿孔病

主要危害叶片，也能侵害枝梢和果实。感病叶片初期形成水渍状小点，淡黄色，逐渐形成圆形或近圆形的褐色或紫褐色病斑，病斑周围有半透明、淡黄色晕圈。

天气潮湿时，病斑背面溢出黄白色胶黏的菌脓；后期病斑周围组织木栓化而引起病部组织脱落，形成穿孔，孔边缘有坏死组织残留（见图11-6）。

4. 樱花褐斑穿孔病（见图11-7）

图11-6　桃细菌性穿孔病　　　　　　图11-7　樱花褐斑穿孔病

（三）白粉病的症状特点

该病主要危害叶片，有的也可危害叶柄、嫩梢、果实。初时在叶片正面、背面出现白色小粉点，逐渐扩展呈大小不等的白色圆形粉斑，严重时整个叶片布满白色粉层（菌丝和分生孢子）。白粉初为白色，逐渐转为灰白色。到病害发生的后期，有的可在白粉层中形成黑褐色或黑色的小粒点（闭囊壳）。重时病叶枯死。或引起叶片卷曲、新梢畸形。常见的有大叶黄杨白粉、紫薇白粉病、狭叶十大功劳白粉病、月季白粉病等，如图11-8～图11-10所示。

图11-8　大叶黄杨白粉病　　　　　　图11-9　紫薇白粉病

（四）锈病类的症状特点

园林植物病害中又一类常见的病害。叶锈病主要危害植物的叶片、枝干、芽和果实等部位。常常造成早落叶、果实畸形，削弱生长势，降低产量及观赏性。

危害叶片时，病菌在叶部的扩展通常是局部的，病部产生黄色或褐色粉状孢子堆

图 11 - 10　狭叶十大功劳白粉病

（夏孢子堆），引起黄化叶斑、褪绿或落叶等症状。

1. 月季锈病

主要危害叶片、嫩枝和花。发病初期在叶背产生黄色小斑，外围往往有褪色环，在叶背生黄色粉状物，即夏孢子堆和夏孢子（见图 11 - 11），秋末叶背病斑上生黑褐色粉状物，即冬孢子堆和冬孢子。

2. 竹叶锈病

病害主要危害竹子叶片。初发病叶片上散生圆形或椭圆形黄色小疱斑，表皮破裂后露出鲜黄色粉状物，即夏孢子堆和夏孢子。后期病斑上产生黑褐色小疱斑，即冬孢子堆（见图 11 - 12）。

图 11 - 11　月季锈病

图 11 - 12　竹叶锈病

（五）灰霉病类

灰霉病是保护地花木，特别是草本花卉上的一类重要病害。幼苗到成株期，植株地上部叶、茎、花、果均可受害，造成苗腐、叶枯、枝枯、花腐、果腐。在潮湿情况下，病部表面均长满灰色霉层。叶片多从叶尖、叶缘开始向里形成"V"形褐色病斑或在叶片上形成圆形或梭形褐色病斑，有轮纹。

（六）病毒病类

月季花叶病见图 11 - 13。

（七）煤污病类

叶面、枝梢上形成黑色小霉斑，后扩大连片，使整个叶面、嫩梢上布满黑色霉层或黑色煤粉层。由于煤污病菌种类很多，同一植物上可染上多种病菌，其症状上也略有差异。可以危害紫薇、牡丹、柑橘以及山茶、米兰、桂花、菊花等多种花卉，如图 11 - 14 和

图 11 - 13　月季花叶病

图 11－15 所示。

图 11－14　枸骨煤污病

图 11－15　紫薇煤污病

（八）叶畸形类——桃缩叶病

主要危害叶片，严重时也危害花、幼果和枝梢。叶片感病后，部分叶片或全部皱缩卷曲，叶片由绿色变为黄色至紫红色，病叶肥大增厚，质地变脆。嫩梢发病后变为灰绿色或黄色，节间缩短，肿胀，叶片呈丛生状、卷曲，严重时枝梢枯萎死亡。

二、园林植物主要叶花果病害的防治方法

（一）炭疽病类防治方法

1. 加强栽培管理，控制病害发生

清除病株残体烧毁。实行轮作或更换无病土。栽植时不过密，通风透光要好；增施有机肥和磷钾肥，氮肥适量；浇水勿过多，以渗、滴灌为好，雨季注意排水；防冻防日灼等创伤，减少从伤口侵入机会。

2. 药剂防治

木本植物休眠期喷洒石硫合剂。发病初期及时喷 80％炭疽福美 700～800 倍液，25％炭特灵乳油 300～400 倍液，或 25％施保克（米鲜安）乳油 1000 倍液，或 50％翠贝干悬浮剂 5000 倍液。其他药剂参照叶斑病。

（二）叶斑病类防治方法

（1）培育和选用抗病品种，在无病株上留用种子、插条等繁殖材料。

（2）减少初侵染源。在收获或生长期结束后彻底清除田间的枯枝落叶等残体，去除植物上的病组织，集中烧毁，以减少菌源。

（3）田园管理。实行轮作（2 年以上），或换用无病土或土壤消毒。

（4）栽培管理。合理密植，合理修剪、整枝。合理浇水。合理施肥。发病初期及时摘除病叶烧毁。

（5）药剂防治。

1）木本植物在早春发芽前喷 3～5 度的石硫合剂，并对地面进行喷洒。

2）生长期于发病初期及时喷药保护，常用的药剂有：65％代森锌可湿性粉剂 500 倍液；75％百菌清可湿性粉剂 600 倍液；53.8％可杀得 2000 悬浮剂 1000～1200 倍液；

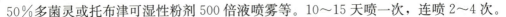

50％多菌灵或托布津可湿性粉剂 500 倍液喷雾等。10～15 天喷一次，连喷 2～4 次。

3）防治草坪草褐斑病用 23％宝穗胶悬剂 3000 倍液或 5％井冈霉素 250 倍液有良好效果。

4）防治细菌性叶斑病可喷施 $200×10^{-6}$ 农用链霉素，或 $200×10^{-6}$ 新植霉素。

（三）白粉病类防治方法

（1）选用抗病品种。

（2）加强栽培管理：收后彻底清除田间病株残体，深翻土壤，减少越冬菌源。保护地栽培中适当加大行距，注意通风透光，降低湿度。摘除病老叶。加强肥水管理，防止植株徒长或脱肥早衰，增强抗病能力。

（3）保护地定植前用硫黄粉或百菌清烟剂熏烟消毒。

硫黄粉熏烟的方法是每 $100m^2$ 用硫黄粉 0.3～0.5kg，加锯末适量，分放 4～5 点，点燃后闭棚熏闷 24h。

45％百菌清烟剂每 $100m^2$ 用 37.5g，分放 4～5 点，点燃后密闭 1 夜。

（4）发病初期及时用药剂防治。

保护地可选用 10％粉锈宁烟剂或 45％百菌清烟剂用 37.5g /$100m^2$ 熏烟；20％粉锈宁乳油 1500 倍；40％福星乳油 8000～10 000 倍；12.5％腈菌唑乳油 2500～3000 倍；30％特富灵可湿性粉剂 1500～2000 倍；2％农抗 120 水剂 200 倍；每隔 7～10 天喷施 1 次，连续用 2～3 次。

（四）锈病类防治方法

（1）冬季彻底剪除枯草，减少越冬菌源。

（2）生长期及时修剪，改善风光条件，保持土壤肥沃，排水良好，不偏施氮肥，适当增施磷钾肥。

（3）药剂防治。发病初期喷施 20％粉锈宁 1500 倍液、40％福星乳油 8000～10 000 倍液、12.5％烯唑醇可湿性粉剂 3000 倍液等。15～30 天喷一次，连续喷 2～3 次。

（五）灰霉病类防治方法

（1）加强通风透光，降低湿度。这是控制灰霉病发生发展的重要措施。及时整枝绑蔓，摘除植株下部老叶，增加株间通风透光。

（2）及时清除病残体深埋。

（3）深翻土壤，夏季利用日光高温闷棚，消灭土壤中病菌。

（4）及时施药防治。从发病初期开始定时施药防治，棚室内可选用 15％速克灵烟剂或一熏灵Ⅱ号每 $100m^2$ 用 37.5g 熏烟。或喷施 75％好速净可湿性粉剂 500～600 倍液、40％施佳乐悬浮剂 800～1200 倍液、50％农利灵可湿性粉剂 1000 倍液、50％多霉灵可湿性粉剂 800 倍液。

每隔 7～10 天防治 1 次，连续 2～3 次。由于灰霉菌易产生抗药性，应注意轮换用药或混用。

（六）病毒病的防治方法

（1）选用抗病品种。

（2）在无病株上选留繁殖材料。

（3）清除周围野生毒源寄主植物，花卉种植地尽量远离桃园、蔬菜地等毒源植物。发现病株立即拔除。

（4）防治传毒介体。应及早做好防治蚜虫、叶蝉、蓟马等刺吸害虫。

（5）增钾控氮。适当增加钾肥含量（氮与钾的比例为 1∶1.4 较为合适），可降低仙客来病毒病的发病率。

（6）防止园艺操作过程中的接触传。操作过程中先操作健康的，再处理有病的，用过的工具、手应用 3％～5％磷酸三钠或肥皂水消毒。

（7）采用茎尖培养或热处理（如菊花、月季在 37～38℃下处理 1～2 个月，鳞茎放在 43～45℃温水中处理 1.5～3h）脱毒，获得无毒苗。

（8）在茎尖培养脱毒的基础上建立无毒的留种基地，提供商品用种。

（9）发病前（苗期）接种疫苗 S52 和 N14。

（10）发病初期喷 20％病毒 A 可湿性粉剂 500 倍液，或 1.5％植病灵 1000 倍液，或抗毒剂 1 号水剂 250～300 倍液或 83 增抗剂 100 倍液。

（七）煤污病类防治方法

（1）植株种植不要过密，适当修剪，温室要通风透光良好，以降低湿度，切忌环境湿闷。

（2）植物休眠期喷波美 3～5 度的石硫合剂，消灭越冬病源。

（3）该病发生与分泌蜜露的昆虫关系密切，喷药防治蚜虫、介壳虫等是减少发病的主要措施。适期喷用 40％氧化乐果 1000 倍液或 80％敌敌畏 1500 倍液。防治介壳虫还可用 10～20 倍松脂合剂、石油乳剂等。

（4）对于寄生菌引起的煤污病，可喷用代森铵 500～800 倍液，灭菌丹 400 倍液。

（八）桃缩叶病的防治方法

（1）园林栽培措施防治。发病初期，在子实层未产生及时摘除病叶、剪除被害枝条，并集中销毁。

（2）化学防治。早春桃芽膨大而未展叶时，喷波美 4～5 度石硫合剂；0.1％硫酸铜溶液或 25％多菌灵 WP300 倍液或 50％代森锌 300～500 倍液。

任务实施

步骤一： 观察当地园林植物白粉病的症状及病原菌形态。

先用肉眼观察，然后借助放大镜观察白粉病症状特征，掌握其病症。然后挑出白色霉层和黑色小粒做简易装片，观察病原菌的形态特征。

步骤二： 观察当地园林植物主要叶斑病的症状及病原菌形态。

先用肉眼观察，然后借助放大镜或体视显微镜观察芍药褐斑病、月季黑斑病、桃细菌性穿孔病、樱花褐斑穿孔病的症状，掌握其特征。然后选取这些病害病原菌的玻片标本进行观察，掌握病原菌的形态特征。

步骤三： 观察当地园林植物炭疽病的症状及病原菌形态。

先用肉眼观察，然后借助放大镜观察炭疽病症状特征，掌握其特征。然后挑出病部黑色小粒做简易装片或直接取出不同植物炭疽病的病原菌玻片标本，观察分生孢子盘和分生孢子的形态特征。

步骤四： 观察当地园林植物锈病的症状及病原菌形态。

先用肉眼观察，然后借助放大镜观察不同园林植物锈病症状特征，比较不同锈病的症状特征。然后挑出病部锈色粉堆做简易装片或直接取出不同植物锈病的病原菌玻片标本，观察不同锈病的夏孢子形态特征。

步骤五： 观察当地园林植物灰霉病的症状及病原菌形态。

先用肉眼观察，然后借助放大镜观察不同园林植物灰霉病症状特征，掌握不同灰霉病的症状特征。然后挑出病部灰色霉层做简易装片或直接取出不同植物灰霉病的病原菌玻片标本，观察不同灰霉病的分生孢子梗和分生孢子形态特征。

步骤六： 观察比较当地不同园林植物病毒病的症状差异。

用肉眼观察不同园林植物病毒病症状特征，比较不同病毒病的症状差异。

步骤七： 观察比较当地不同园林植物煤污病的症状特征。

用肉眼观察不同园林植物煤污病症状特征——黑色煤污层，比较不同煤污病的症状差异。

步骤八： 观察桃缩叶病的症状特征。

观察并描述桃缩叶病症状特征。

步骤九： 园林植物不同叶花果病害防治方案的制定。

综合运用所学知识，在充分掌握各种病害为害及发病规律的基础上，经过分组认真讨论，针对某一种或某一类病害，提出科学合理的防治建议，并做小范围的试验，最终确定完整的防治方案。

 **实训任务评价**

表 11-1   实 训 任 务 评 价

序号	评价项目	评价标准	评价分值	评价结果
1	课堂纪律	是否准时参加实训	10	
2	实训态度	实训期间表现	10	
3	实训效果（见表11-2）	课堂抽查实训项目，是否掌握了不同植物叶花果病害的典型症状特征及病原菌形态	60	
4	实训报告	实训报告的完成情况	20	
合　计				

表 11-2   实训期间抽查项目

序号	抽查实训项目	评价标准
1	炭疽病的观察	能够正确地描述炭疽病的病状、病症及病原的特征
2	叶斑病的观察	能够正确地描述各种叶斑病的症状及病原的特征
3	白粉病的观察	能够掌握白色粉层是白粉病的典型症状，并知道白色粉层是菌丝和分生孢子，黑色小粒是闭囊壳
4	锈病的观察	能够说明不同锈病的症状特征和夏孢子或冬孢子的形态特征
5	灰霉病的观察	指明不同植物灰霉病的共同症状特征，掌握灰霉病的分生孢子梗及分生孢子
6	病毒病的观察	指明不同植物病毒病的症状特征
7	煤污病及桃缩叶病的观察	能够指出煤污病及桃缩叶病的症状特点
8	防治方案的制定	制定的病害防治方案科学合理

评语				成绩	
				学时	
		教师签字	日期		

姓名		学号		班级	

实训名称	园林植物叶、花、果病害的诊断与防治

1. 描述各类病害的典型症状特征和绘制各种病害病原菌形态图。

2. 针对某一病害或某类病害制定出综合防治方案。

园林植物枝干与根部病害的诊断与防治

 **实训目标**

（1）通过实训，熟悉主要园林植物枝干与根部的类型，通过对枯萎病、茎腐病、枝枯病、丛枝病、立枯病、根部线虫病等枝干与根部病害标本和病原形态的观察，了解枝干与根部病害的病原，掌握枝干与根部病害的典型症状、病原菌形态特征和诊断技术，为园林植物生产管理打好基础。

（2）通过实训，掌握园林植物不同类型枝干与根部的防治措施。

 实训材料和仪器用具

1. 实训材料

园林植物枝干与根部（枯萎病、茎腐病、枝枯病、丛枝病、立枯病、根部线虫病）等新鲜、浸制、干制标本以及部分病害病原菌玻片标本。

2. 器材

显微镜、镊子、滴瓶、载玻片、盖玻片、挑针、蒸馏水。

 任务提出

授课教师把准备好的各种标本分发到每一小组，放在实训台上。布置实训任务：根据园林植物不同枝干与根部病害症状特点及病原形态，来识别不同类型枝干与根部病害。

根据病害类型，制定具体防治措施并正确实施。

 任务分析

要识别园林植物不同类型枝干与根部病害，必须掌握不同类型枝干与根部病害的症状特点、病原形态特征以及病害正确诊断方法。

要制定园林植物病害防治措施，就应该掌握病害防治原理。

实训内容

（1）当地园林植物主要枝干与根部病害的症状观察与识别。

（2）当地园林植物主要枝干与根部病害的病原形态观察。

（3）制订当地园林植物主要枝干与根部病害的防治措施。

实训要求

（1）实训前认真复习园林植物主要枝干与根部病害及管理的相关内容。

（2）实训前从图书馆借取具有彩图的相关图书，并查阅相关资料和查看相关图片，了解当地园林植物主要枝干与根部病害的主要种类、病原形态特征和症状等。

（3）观察中应仔细比较园林植物不同类型病害的病状特点、病原形态特征，并初步掌握各主要病害的病状特点、病原形态特征，边观察边绘制各主要病害病原的形态图。

（4）实训中要爱护标本及用具，不得随意损坏。

（5）带好纸笔，做好记录；遵守纪律，不要擅自离开集体。切记注意安全。

（6）本实训要求安排 2 学时。

（7）注意保护标本，以防损坏。

相关知识回顾

一、园林植物枝干与根部病害的症状特点

（一）枯萎病的症状特点

枯萎病是由病原物侵入寄主的输导组织而引起的一类病害，主要由真菌、细菌、病原线虫引起。

1. 真菌性枯萎病

如园林观赏植物中合欢枯萎病、香石竹枯萎病、非洲菊枯萎病、仙客来枯萎病、银杏基腐病等，如图 12-1 和图 12-2 所示。真菌性枯萎病从苗期到成株期均可发病，幼苗被害茎基部变褐枯死，但以成株期发生为主。病株枝叶由下而上逐渐黄化萎蔫，茎基部水渍状黄褐色至黑褐色，潮湿时病部表面生白色或粉红色霉状物。剖开病株茎基部，可见维管束变褐色，这是枯萎病重要的特征。

2. 细菌性枯萎病

如君子兰软腐病、百合立枯病、大丽花青枯病等，发病时一般会出现枝叶失水萎蔫，根部变褐腐烂，维管束变褐色，高湿时横切茎基部，用手挤压切面有浑浊菌脓流出。

3. 线虫性枯萎病

如松材线虫病。

图12-1 合欢枯萎病

图12-2 非洲菊枯萎病

(二) 丛枝病类病害的症状特点

丛枝病的典型症状：树冠的部分枝条密集簇生呈扫帚状或鸟巢状，故又称扫帚病或鸟巢病。如泡桐丛枝病、竹丛枝病等，如图12-3和图12-4所示。

图12-3 泡桐丛枝病

图12-4 竹丛枝病

(三) 仙人掌类炭疽病的症状特点

主要侵染肉质茎。患部初现水渍状或淡褐色小斑，后扩大为圆形、椭圆形或不定形斑，并可连合成大斑块。大病斑颜色转为灰褐色至灰白色，边缘稍隆起而色深，病、健部分界明晰，有的斑面现同心轮纹或云纹，后期斑面上还可见散生或轮状排列的小黑点。

(四) 幼苗猝倒病和立枯病的症状特点

1. 猝倒型

出土幼苗未木质化前，茎基部出现水渍状黄褐色病斑，病部缢缩变褐腐烂，在子叶

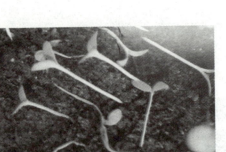

图 12-5 翠菊猝倒病

尚未凋萎前，幼苗倒伏。苗床湿度高时病苗及周围的土壤长出白色絮状霉。如翠菊猝倒病，如图 12-5 所示。

2. 立枯型

幼茎木质化后，根部或根颈部皮层腐烂，幼苗枯死，但不倒伏。潮湿时茎基部可见淡褐色蛛丝状霉。

（五）根部线虫病的症状特点

根结线虫病寄主广泛，可危害多种花卉和蔬菜等植物。如仙客来根结线虫、牡丹根结线虫。

主要危害根部，根部发育不良，侧根和须根增多，并在侧根和须根上生球形、圆锥形或不正形、大小不等的瘤状物，称根结，根结直径一般 1～10mm。被害植株地上部生长不良，矮化瘦弱，叶片发黄乃至枯死。

二、园林植物主要枝干与根部病害的防治方法

（一）枯萎病类防治方法

（1）加强植物检疫。对于一些园林植物检疫对象，如松材线虫病，应通过检疫加强监控。

（2）加强对传病的昆虫介体进行防治。松材线虫病的传播媒介是松墨天牛，可在天牛羽化始期和盛期用 50% 辛硫磷乳油 100～200 倍液各喷施 1 次；对原木及板材可用硫酰氟 40～60g/m³ 密封熏蒸 48h，可将天牛的幼虫 100% 杀死。

（3）清除初侵染源。及时挖除病株妥善处理，并进行土壤消毒，可有效控制病害扩展。

（4）化学防治。在发病初期用 50% 多菌灵可湿性粉剂 800～1000 倍液，或 50% 苯来特可湿性粉剂 500～1000 倍液灌根，每隔 10 天灌 1 次，连灌 2～3 次。

（二）丛枝病类防治方法

（1）加强植物检疫，防止人为携带苗木传播。

（2）选用抗病或无病苗木进行栽培。

（3）加强管理，及时清除病株、残枝，以减轻病害发生。在病枝基部进行环状剥皮，宽度为所剥部分枝条直径的 1/3 左右，以阻止病原物在树体内运行。

（4）防治刺吸式口器害虫。如传播菌原体的叶蝉等昆虫，用 10% 安绿宝乳油 1500 倍液，或 40% 速扑杀乳油 1500 倍液进行喷雾，以减少病害传播。

（5）化学防治。由植原体引起的丛枝病可用四环素、土霉素等 4000 倍液喷雾，由真菌引起的丛枝病可在发病初期，直接喷 25% 三唑酮 500 倍液，每周 1 次，连喷 3 次。

（三）仙人掌类炭疽病防治方法

（1）加强园林栽培措施防治。适量浇水，避免过分潮湿，室内栽培注意通风透光，发现有病茎节和球茎应立即切除并销毁。

（2）药剂防治。于发病初期可选用 1％波尔多液或 50％多菌灵 800 倍液或 75％百菌清 800 倍液喷洒植株。

（四）幼苗猝倒病和立枯病防治方法

（1）加强栽培管理。精选种子（播前用用 0.5％高锰酸钾溶液 60℃浸泡 2h），适时播种。推广高床育苗及营养钵育苗，加强苗期管理，培育壮苗，提高苗木抗病性。不选土质黏重、排水不良的地块作为圃地。

（2）土壤消毒。用 2％～3％硫酸亚铁浇灌土壤。拱棚内可选用溴甲烷进行熏蒸处理，用药量为 50g/m²，消毒时密闭熏蒸 2～3 天，揭开薄膜通风 14 天以上。

（3）幼苗出土后，可喷洒 64％杀毒矾可湿性粉剂稀释 300～500 倍液或喷 1∶200 倍波尔多液，每隔 10～15 天喷洒 1 次。

（五）根部线虫病防治方法

（1）加强植物检疫，勿栽植带虫的苗木，发现病株及时处理，并用氯化苦等消毒土壤。

（2）实行轮作，应与松、杉、柏等不感病的树种轮作 2～3 年。

（3）盆土处理。于夏季将病土摊铺在室外水泥地上，进行暴晒，并经常翻动，可杀死线虫。也可将 5％克线磷按土重的 0.1％，与土壤充分混匀，进行消毒。

（4）化学防治。病株周围穴施 15％涕灭威颗粒剂毒土，用药量为 2～6g/m²，掺入 30 倍细土拌匀后施用，并浇水。

 **任务实施**

步骤一： 观察当地园林植物枯萎病类的症状及病原菌形态。

先用肉眼观察，然后借助放大镜观察不同植物枯萎病症状特征，掌握其病症。然后挑出病原菌玻片标本，观察病原菌的形态特征。

步骤二： 观察当地园林植物主要丛枝病的症状。

让学生从所有标本中挑出丛枝病的标本，仔细观察不同丛枝病的症状特征。

步骤三： 观察当地园林植物仙人掌类炭疽病的症状。

先用肉眼观察，然后借助放大镜观察仙人掌类不同炭疽病症状特征，掌握其特征。然后挑出病部黑色小粒做简易装片或直接取出不同植物炭疽病的病原菌玻片标本，观察分生孢子盘和分生孢子的形态特征。

步骤四： 观察当地园林植物幼苗猝倒病和立枯病的症状及病原菌形态。

先用肉眼观察，然后借助放大镜观察不同园林植物幼苗猝倒病和立枯病症状特征，比较不同幼苗猝倒病和立枯病的症状特征。然后挑出不同植物幼苗猝倒病或立枯病的病原菌玻片标本，观察其病原菌特征。

步骤五： 观察当地园林植物根部线虫病的症状及病原菌形态。

先用肉眼观察，然后借助放大镜观察不同园林植物根部线虫病症状特征，掌握不同根部线虫病的症状特征。然后取出病原菌玻片标本，观察其形态特征。

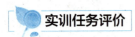 **实训任务评价**

序号	评价项目	评价标准	评价分值	评价结果
1	课堂纪律	是否准时参加实训	10	
2	实训态度	实训期间表现	10	
3	实训效果	课堂抽查实训项目，是否掌握了不同植物枝干及根部病害的典型症状特征及病原菌形态	60	
4	实训报告	实训报告的完成情况	20	
合　计				

 **实训报告**

评语				成绩	
		教师签字　　　日期		学时	
姓名		学号		班级	
实训名称		园林植物枝干及根部病害的诊断与防治			

1. 描述各类病害的典型症状特征和绘制各种病害病原菌形态图。

2. 针对某一病害或某类病害制定出综合防治方案。

园林植物病害的田间诊断

··········（建议 2 课时）··········

 实训目标

结合校园及其周边地区园林绿地病害发生的实际情况，通过对校园及其周边地区园林绿地植物病害发生情况的现场观察和田间诊断，逐步掌握园林植物病害发生特点及诊断依据，熟悉园林植物病害诊断的一般步骤，为园林植物病害的调查研究与防治提供依据。

 实训材料和仪器用具

手持放大镜、记录本、载玻片及盖玻片、标本夹及吸水纸、枝剪、小铲、园林植物病虫害原色图鉴等参考书。

 实训内容

在校园及其周边地区，选择一块绿地，通过田间现场观察，确定 2～3 种发生比较严重的病害，通过分析确定是非侵染性病害还是侵染性病害，并说明诊断依据。

若是非侵染性病害，初步分析原因并提出相应的防治对策。

若是侵染性病害，通过症状分析，确定是真菌性病害、细菌性病害，还是病毒病，并提出相应的防治对策。

（1）非侵染性病害的田间诊断。

（2）真菌性病害的田间诊断。

（3）细菌性病害的田间诊断。

（4）病毒性害的田间诊断。

 任务分析

要想完成实训任务，首先要掌握与侵染性病害田间发病特点。

其次要掌握非侵染性病害的病因有哪些及其发病症状特点。真菌性病害、细菌性病害及病毒病的田间发病特点及症状特点。

实训要求

（1）实训前认真预习实训教程，观看园林植物病害图鉴或标本，熟悉园林植物真菌、细菌、病毒、线虫等病害的症状特点。

（2）实训中仔细观察园林植物生长的小环境和周围的大环境，要知道园林植物病害症状复杂性以及病害与虫害的区别。

（3）通过实训完成任务，能够掌握园林植物不同病原引起病害的症状特点，为今后能当一名植物好医生（正确诊断—对症下药—药到病除）奠定一定基础。

相关知识回顾

一、园林植物病害的诊断步骤

1. 田间诊断/现场观察（见图 13‑1）

图 13‑1　田间诊断/现场观察

2. 症状观察

症状观察是首要的诊断依据，就是对植物病害标本作全面的观察和检查，尤其是对发病部位、病变部分内外的症状进行详细的观测和记载，然后根据观察的结果进行判断。虽然比较简单，但需在比较熟悉病害的基础上才能进行。诊断的准确性取决于症状的典型性和诊断人的实践经验。

3. 室内鉴定

许多侵染性病害单凭症状是不能确诊的，因为病害症状的复杂性，不同的病害可产生相似的症状，同一病害在植物不同部位表现出不同的症状，而且病害的症状还可因寄主和环境条件的变化而变化。因此，在观察病害症状的基础上都要进行病原物的室内鉴定。病部有病症的可直接制成玻片标本在显微镜下观察；病部无病症的，先进行保湿培养，长出病原菌后再进行显微观察。

4. 病原物的分离培养和接种

对于不易产生病原物的、新的或疑难的真菌和细菌性病害的诊断，还需进行病原菌的分离、培养和人工接种试验，才能确定真正的致病菌。具体步骤如下：

（1）取植物上的病组织，按常规方法将病原物从组织分离出来，并加以纯化培养。

（2）将纯化培养的病原菌接种在相同种植物的健康植株上，以不同接种的植株作对照。

（3）接种植株发病后，观察它的症状与原来病株的症状是否相同。

（4）观察接种植株的病原菌或再分离，若得到的病原菌与原来接上去的一致时，证明这是它的病原物。

二、园林植物病害的诊断要点

园林植物病害的诊断要点见表13-1。

表 13-1　　　　　　　　　　园林植物病害的诊断要点

病害类型	田间发病特点	病原	症状特点
非侵染性病害	无传染性、无发病中心、突然成片整田发生、无病症	营养失调	出现明显缺素症状，多见于老叶或新叶
		气候不适	冻害、灼伤、干热风造成植物组织死亡现象，发病时间短。日灼病常发生在温差变化很大季节及向阳面
		环境污染	病害突然大面积同时发生
		药害	农药或化肥使用不当
侵染性病害	有传染性、点片发生、有发病中心并向周围扩散、多数有病症	真菌	坏死、腐烂、畸形、萎蔫。 潮湿时，病部易产生霜霉、白锈、白粉、煤污、菌核、锈粉、黑粉、黑色粒状物等病症。 无病症可室内保湿培养（病组织清水洗净后置于保湿培养皿内），适温（22～28℃）培养1～2天，促使真菌产生子实体，然后进行镜检。若还不能确诊病害，则应进行病原的分离、培养及接种试验，才能做出准确的诊断
		细菌	坏死（初期多为水渍状、半透明病斑）、腐烂（腐烂组织黏滑、有臭味）、畸形、萎蔫（切断病茎，用手挤压可见混浊的液体）。 潮湿条件下病部产生白色或黄褐色的溢脓。若不能现场诊断的，带回室内切片镜检：剪取小块4～5mm²新鲜的病健交界处组织，平放在载玻片上，加一滴蒸馏水，盖上盖玻片后立即在低倍镜下观察，若切口处可见大量细菌涌出，呈云雾状，即是细菌性病害
		病毒	黄化、花叶、条纹、畸形等特异性症状，无病症，田间病株多分散、零星、无规律
		线虫	病部表现虫瘿、根结、胞囊、茎（叶、芽）坏死，同时植株矮化、生长不良等症状特点。鉴定时可切开虫瘿或肿瘤部分，针挑线虫制片或病组织切片镜检线虫。若无虫瘿、根结、胞囊的，可进行漏斗分离检查

任务实施

表 13 - 2   任务实施的步骤与方法

序号	实训任务	实训方法
1	非侵染性病害的诊断	在教师的指导下,对校园或周边地区绿地已发病的园林植物进行观察,注意病害的分布、植株的发病部位、病害在田间发病特点、发病植物所处的小环境及周围的大环境等。如果所观察到的植物病害症状是叶片变色、枯死、落花、落果、生长不良等现象,病部又找不到病原物,且病害在田间分布比较均匀而成片,可判断是非侵染性病害;同时还应结合土质、施肥、灌溉等其他特殊条件进行分析。如果是营养元素缺乏,除了症状识别外,还应该进行施肥试验
2	真菌性病害的田间诊断	对已发病的园林植物进行观察时,若发现其病状有坏死(叶斑、叶枯、穿孔、疮痂、溃疡、立枯、猝倒等)、腐烂(茎腐、根腐、花腐、果腐及苗腐)、萎蔫(枯萎或黄萎)、畸形(癌肿、根肿、缩叶)。同时在发病部位多数具有病症出现,如霜霉、白锈、白粉、煤污、菌核、锈粉、黑粉、黑色粒状物等,则可诊断为真菌性病害。对病部无病症的病害可室内保湿培养,再进行镜检鉴定。若还不能确诊的病害,则应进行病原的分离、培养及接种试验,才能做出准确的诊断
3	细菌性病害的田间诊断	田间观察时若发现有坏死、萎蔫、腐烂和畸形等病状,并且共同特点是病部能产生大量的细菌,特别是在潮湿时从病部气孔、伤口等处有大量菌脓溢出,即可诊断为细菌性病害。在田间用放大镜或肉眼对光观察夹在玻片中的病组织,能看到云雾状细菌溢出即是细菌性病害。若不能现场诊断的,带回室内切片镜检
4	病毒性害的田间诊断	田间观察到花叶、黄化、条纹、坏死斑纹、畸形等特异性病状(多为全株性的),病部又没有发现病症,在田间分布又是分散、零星、无规律的。初步可诊断为病毒性病害。当不能确诊时,就要进行汁液摩擦接种、嫁接传染或昆虫传毒等接种试验,以证实其传染性来进行确诊
5	线虫病的诊断	田间观察到发病植株的症状是植株矮小、生长迟缓、色泽失常等现象,并常伴有茎叶扭曲、枯死斑点,以及虫瘿、叶瘿和根结等,可初步诊断为线虫病。回到室内可进一步对有病组织解剖镜检或漏斗分离等方法查到线虫,从而进行正确诊断

 实训任务评价

序号	评价项目	评价标准	评价分值	评价结果
1	课堂纪律	是否准时参加实训	10	
2	实训态度	在整个实训过程中开动脑筋,积极思考	10	
3	实训效果	课堂抽查实训项目,是否掌握了不同病原引起病害的诊断方法	50	
4	实训报告	实训报告的完成情况	30	
合　计				

 **实训报告**

评语		成绩	
	教师签字　　　日期	学时	

姓名		学号		班级	
实训名称	园林植物病害的田间诊断				

1. 根据园林绿地现场观察、分析和诊断，写出诊断结果及诊断依据。

2. 在田间病害诊断过程中应注意哪些问题？

园林杂草与防除

实训目标

结合校园及其周边地区园林绿地杂草发生的实际情况，通过对校园及其周边地区园林绿地杂草田间调查和标本采集，了解当地园林杂草发生种类、危害情况及其分布等，根据当地杂草优势种群及其危害情况，运用所学知识，提出科学合理的防治方案，并组织实施。

实训材料和仪器用具

手持放大镜、记录本、标本夹及吸水纸、剪刀、镊子、小铲、0.5m×0.5m 铁丝样方、计算器、园林植物病虫害杂草原色图鉴等参考书。

实训内容

在校园及其周边地区，选择一块绿地，到现场进行杂草形态观察与种类鉴定，并针对 1～2 种发生危害严重的杂草，制定出科学合理的防治方案。

任务分析

要想完成实训任务，首先要了解和认识当地园林绿地中常见的杂草，其次要掌握杂草的鉴定方法及防治措施。

相关知识回顾

一、园林绿地常见杂草

园林绿地常见杂草见表 14-1，部分常见杂草见图 14-1～图 14-4。

表 14-1　　　　　　　　　　　园林绿地常见杂草

序号	杂草名称	分类地位	生活史	主要发生季节
1	稗草	禾本科	一年生	夏季
2	蟋蟀草/牛筋草	禾本科	一年生	晚春及夏季
3	马唐	禾本科	一年生	晚春及夏季
4	狗尾草	禾本科	一年生	晚春及夏季
5	千金子	禾本科	一年生	夏季
6	早熟禾	禾本科	一年生	春季
7	狗牙根	禾本科	多年生	夏季
8	长芒棒头草	禾本科	一年生	春季
9	异形莎草	莎草科	一年生	夏季
10	水莎草	莎草科	一年生	夏季
11	香附子	莎草科	多年生	夏季
12	碎米莎草	莎草科	一年生	夏季
13	鳢肠	菊科	一年生	夏季
14	苍耳	菊科	一年生	夏季
15	小飞蓬	菊科	一年生	夏季
16	蒲公英	菊科	一年生	春季
17	空心莲子草	苋科	多年生	夏季
18	马齿苋	马齿苋科	一年生	夏季
19	龙葵	茄科	一年生	夏季
20	菟丝子	旋花科	一年生	夏季
21	猪殃殃	茜草科	一年生	夏季
22	波斯婆婆纳	玄参科	一年生	春季
23	卷耳	石竹科	一年生	夏季
24	牛繁缕	石竹科	一年生	春季
25	荠菜	十字花科	一年生或越年生	春季
26	酸模叶蓼	蓼科	一年生	春季
27	藜/灰菜	藜科	一年生	早春
28	附地菜	紫草科	一年生	春季
29	田旋花	旋花科	一年生	春季
30	泽漆	大戟科	一年生	春季
31	葎草	桑科	一年生	夏季
32	乌蔹莓	葡萄科	多年生	夏季
33	车前	车前科	一年生	秋季
34	酢浆草	酢浆草科	一年生	夏季

图 14-1 蟋蟀草

图 14-2 酢浆草

图 14-3 泽漆

图 14-4 蒲公英

二、园林绿地杂草的防除措施

（一）物理性除草

物理性除草是指利用物理性措施或物理性作用力，如机械、人工等，致使杂草个体或器官受伤受抑或致死的杂草防治方法。物理性除草对植物、环境等安全、无污染，同时还兼有松土、保墒、培土追肥等有益作用。

1. 人工除草

人工除草是通过人工拔除、割刈、锄草等措施来有效防治杂草的方法。如草坪、灌木丛、苗床以及盆栽中的杂草。

2. 机械除草

用于园林绿地植物栽植前，主要用于翻耕兼有除草作用的耕翻机械。

（二）园林栽培措施除草

园林栽培措施除草是指利用栽培技术、田间管理措施等控制和减少园林绿地土壤中杂草种子基数，抑制杂草的出苗和生长，减轻草害，促进园林植物健康生长的防治方法。

常见防治方法有：

（1）精选种子。如花卉、草坪等。

（2）施用腐熟的有机肥。因为未腐熟的有机肥中可能含有大量杂草种子。

（3）清理田路边杂草，防止路边杂草向绿地蔓延生长。

（4）充分园林植物的配置来抑制杂草生长。

（三）化学除草

1. 观赏树木间化学除草技术

（1）绿地观赏乔木间化学除草技术。

对于片植的观赏乔木间的除草，可采用灭生性除草剂进行定向喷雾处理。可用 10％草甘膦水剂 $750\sim1000$mL/667m^2 兑水 $30\sim40$kg，在香樟、女贞、夹竹桃等树木间进行定向喷雾，对香附子等多种一年生和多年生杂草具有较好防除效果，也显示出了强大的杀草活性。待杂草枯死后，再采用除草通、果尔等土壤处理剂封闭土表，每 667m^2 采用 33％除草通乳油 $100\sim120$mL、24％果尔乳油 150mL，兑水 60L 均匀喷雾。

（2）花灌木休眠期土壤处理。

如对于蔷薇类、黄杨类、火棘等灌木，采取定向喷雾比较困难，因而可在早春树木萌芽前用除草剂喷于地表，控制杂草。可用绿麦隆、乙草胺、大惠利等对园圃地进行封锁性防治。绿麦隆 6.0kg/hm^2、50％乙草胺乳油 $1.5\sim2.5$kg/hm^2、50％大惠利可湿性粉剂 $1.5\sim2.25$kg/hm^2，兑水 $600\sim900$L 喷雾。在 3 月杂草尚未萌芽时喷射土表，喷后 1 个月防治区只有少数杂草萌发，防除效果良好。

2. 苗圃、花圃化学除草

园林花卉植物种类繁多，生物学特性各异，栽植方式多样，生长环境不同，圃地内所发生的杂草类型也不一样，因而对除草剂选择、抗性及使用方法也都有所差异，必须做到有的放矢，因圃施药。

（1）播种圃（花坛）化学除草技术。

许多花卉如鸡冠花、一串红、凤仙花、地肤、石竹、雏菊、蛇目菊、百日草、金鱼草、虞美人、翠菊、雁来红、紫茉莉、醉蝶花、地被石竹等常常是露地苗床播种或露地花坛直播，可在播前或播后进行各种药剂处理。

1）播前土壤处理。地面整好后，用 48％氟乐灵乳油 $1\sim2$kg/hm^2，兑水 600L 对地表进行喷雾处理，施药后随即掺入表土。

2）苗后茎叶处理。若圃地内的杂草以禾本科杂草为主时，在其 $2\sim4$ 叶期采用专杀禾草而对双子叶植物安全的药剂，如 35％稳杀得乳油或 15％精稳杀得乳油 0.75kg/hm^2、10％禾草克乳油或 5％精禾草克乳油 0.75kg/hm^2、12.5％盖草能乳油 $0.6\sim1$kg/hm^2、兑水 $600\sim900$L 后进行茎叶喷雾处理。

（2）移栽圃（花坛）化学除草技术。

菊花、彩叶草、石榴、木槿、紫薇、迎春、茉莉、扶桑、橡皮树、三色堇、矮牵牛、羽衣甘蓝等花卉多采用扦插繁殖或营养钵育苗，然后向苗圃或花坛移栽，可在移栽前后进行药剂处理。

1）移栽前土壤处理。移栽前采用 48％氟乐灵乳油 1.8～2.25kg/hm²、33％除草通乳油 2.25kg/hm²，兑水 600～900L 喷雾。施药后浅混土 2～3cm 后即可移栽，除草通可以不混土。移栽时尽可能不让药土落入根部，否则会抑制根系。

2）移栽后茎叶处理。参考播种圃（花坛）化学除草技术中的苗后茎叶处理。

一些球根、宿根类花卉如美人蕉、大丽花、石蒜、郁金香、花毛茛、风信子、唐菖蒲、百合、葱兰、韭兰、鸢尾、萱草、荷兰菊、宿根福禄考等，其栽植方式与菊花、彩叶草等相似，因而可参照上述除草方案。

 **任务实施**

在杂草发生季节，选择有代表性的园林绿地一处——校园或周边绿地（杂草发生量较大，相对来说，杂草种类较多）。

表 14－2   **任务实施的步骤与方法**

序号	实训任务	实训方法
1	园林绿地杂草识别	在教师的指导下，对园林绿地中已发生的杂草进行形态观察与种类识别（可借助参考书）
2	杂草标本的采集与整理	（1）在进行杂草鉴定的同时可采集一些制作标本。 （2）对采集的标本要及时地进行整理并压制成标本
3	防治方案的制定	要求学生针对园林绿地及杂草发生情况，制定防治方案

 **实训任务评价**

序号	评价项目	评价标准	评价分值	评价结果
1	课堂纪律	是否准时参加实训	10	
2	实训态度	在整个实训过程中开动脑筋，积极思考、认真实习	10	
3	实训效果	杂草识别的种类； 采集并压制的标本数量； 制定的杂草防治方案合理性程度	60	
4	实训报告	实训报告的完成情况	20	
合　计				

 **实训报告**

评语			成绩	
	教师签字　　　日期		学时	
姓名		学号	班级	
实训名称	园林杂草与防除			

1. 把园林绿地主要杂草填入下表。

序号	杂草种类	生活史	分布	危害

2. 根据园林绿地杂草发生情况制定出防除方案。

综合实训任务

波尔多液配制与质量鉴定

（建议 2 课时）

🔹 实训目标

（1）通过实训，掌握波尔多液的配制方法和质量优劣的鉴定，加深了解其性能及使用范围。

（2）通过实训，培养学生观察能力、比较能力和动手能力。

🔹 实训材料和仪器用具

1. 实训材料

硫酸铜、生石灰、风化石灰。

2. 器材

烧杯、量筒、试管、试管架、台秤、玻璃棒、研钵、试管刷、红色石蕊试纸、天平、铁丝等。

🔹 任务提出

授课教师课前把准备好的仪器、设备及工具放在实训台上。布置实训任务：根据老师提供的材料、仪器，如何配制波尔多液，如何鉴定质量的优劣。

🔹 实训要求

（1）实训前仔细阅读波尔多液的性能、配制方法、使用范围等相关知识。

（2）观察前先掌握天平的使用方法。

🔹 实训内容

（1）两液同注法配制 1‰ 的等量式波尔多液 1000mL。

（2）波尔多液质量检查。

 **任务分析**

要想配制优质的波尔多液，就必须掌握波尔多液的成分、配制方法以及性能和注意事项。

相关知识回顾

一、波尔多液性能

由硫酸铜、生石灰和水混合配制而成，为天蓝色黏稠状悬浮液，呈碱性，放置时间过久会发生沉淀，用时应随配随用。波尔多液有多种配比，使用时可根据植物对铜或石灰的忍受力及防治对象选择配比（见表 15-1）。有良好的悬浮性和黏着性，不易被雨水冲刷，残效期 10 天左右。

表 15-1

原料	配合量				
	1%等量式	1%半量式	0.5%倍量式	0.5%等量式	0.5%半量式
硫酸铜	1	1	0.5	0.5	0.5
生石灰	1	0.5	1	0.5	0.5
水	100	100	100	100	100

波尔多液是一种广谱性的保护剂，可防治霜霉病、疫病、炭疽病、溃疡病、疮痂病、锈病等多种病害，但对白粉病效果差。

波尔多液的质量与生石灰关系很大，生石灰要选白而轻的块状生石灰，质地要纯。硫酸铜最好是纯蓝色的，不夹带有绿色或黄绿色的杂质。

注意事项：配波尔多液不能用金属容器，配制时两液的温度越低越好。施药最好在晴天下午，天冷、潮湿、阴雨天易药害。桃、李、梅、杏、大豆、白菜等药害严重，不宜用。不能与肥皂、石硫合剂混用。

二、波尔多液的配制

1. 两液同注法

分别用等量的水溶化硫酸铜和石灰（先用少量的水把石灰调成石灰乳，然后再把剩下的水加入，让石灰充分溶解），然后交两液同时倒入第三个容器中，边倒边搅拌。

2. 稀硫酸铜注入浓石灰水法

用 4/5 的水溶解硫酸铜，用另外 1/5 水溶化生石灰，然后将硫酸铜溶液倒入石灰水中，边倒边搅拌。

 **任务实施**

步骤一： 配制 1% 的等量式波尔多液（1：1：100）1000mL，硫酸铜、生石灰、

水各需多少？

步骤二： 分别用两液同注法和稀硫酸铜注入浓石灰水法配制 1% 的等量式波尔多液 1000mL。

（1）用天平分别称取所需用量的硫酸铜、生石灰，量取所需用水，各两份。

（2）两液同注法，把其中一份水分成二等分分别盛于两个烧杯中，将称量好的硫酸铜倒入其中一份水中待其慢慢溶解；另一份水用来调配石灰乳液，先用少许水把石灰搅成浆状，然后加入剩余的水搅匀即成石灰乳液。最后把两液同时倒入第三个大烧杯中，边倒边轻轻搅拌，即配成天蓝色波尔多液。

（3）稀硫酸铜注入浓石灰水法。把另一份水分成 4/5 和 1/5 分别盛于两个烧杯中，将称量好的硫酸铜倒入 4/5 水中待其慢慢溶解；1/5 水用来调配石灰乳液，先用少许水把石灰搅成浆状，然后加入剩余的水搅匀即成石灰乳液。最后把稀硫酸铜溶液倒入石灰乳液中，边倒边轻轻搅拌，即配成天蓝色波尔多液。

步骤三： 波尔多液质量检查。

（1）物态观察。比较不同方法配制的波尔多液，其颜色质地是否相同。质量优良的波尔多液为天蓝色胶态乳状液。

（2）石蕊试纸反应。以红色试纸慢慢变为蓝色为好。

（3）铁丝反应。用磨亮的铁丝插入波尔多液片刻，观察铁丝上有无镀铜现象，以不产生镀铜现象为好。

（4）滤液吹气。将波尔多液过滤后，取其滤液少许置于载玻片上，对液面轻吹气约 1min，液面产生薄膜为好。

 **实训任务评价**

序号	评价项目	评价标准	评价分值	评价结果
1	成分量的计算	计算方法及结果正确	10	
2	配制	配制过程中，方法及操作步骤正确	60	
3	质量鉴定	通过各种方法检测，质量优良	20	
4	问题思考与答疑	在整个实训过程中开动脑筋，积极思考，正确回答问题	10	
合　计				

 实训报告

评语				成绩	
	教师签字		日期	学时	
姓名		学号		班级	
实训名称	波尔多液配制与质量鉴定				

1. 通过本实训你的衡量优质波尔多液指标有哪些?

2. 波尔多液对哪些病害防治效果好? 使用时应注意哪些问题?

石硫合剂熬制与质量鉴定

实训目标

（1）通过实训，了解石硫合剂配制材料，掌握石硫合剂的熬制方法及注意事项，熟悉石硫合剂的熬制过程。

（2）通过实训，培养学生观察能力和动手能力。

任务提出

授课教师课前把准备好实训材料及仪器分发到每一小组实训台上。布置实训任务：根据老师准备的材料和仪器熬制石硫合剂。

任务分析

要熬制石硫合剂，就必须先掌握石硫合剂熬制的方法及过程。

实训要求

（1）实训前仔细阅读石硫合剂的熬制方法和熬制等过程等相关内容。

（2）生石灰要选择质轻、洁白、易溶解的。硫黄粉越细越好。

实训内容

（1）石硫合剂的熬制。

（2）石硫合剂质量鉴定。

相关知识回顾

一、石硫合剂的性能

石硫合剂是生石灰、硫黄粉制成的红褐色透明液体，呈强碱性，有强烈的臭鸡蛋气

131

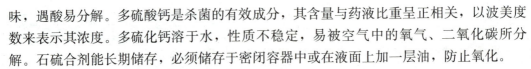

味，遇酸易分解。多硫酸钙是杀菌的有效成分，其含量与药液比重呈正相关，以波美度数来表示其浓度。多硫化钙溶于水，性质不稳定，易被空气中的氧气、二氧化碳所分解。石硫合剂能长期储存，必须储存于密闭容器中或在液面上加一层油，防止氧化。

二、石硫合剂的熬制方法

石硫合剂配制比例常用的是生石灰 1 份、硫黄粉 2 份、水 10 份。把足量的水放入铁锅中加热，待水温到 70℃ 左右，放入生石灰制成石灰乳，煮至沸腾时，把事先用少量水调好的硫黄糊慢慢加入石灰乳中，边倒边搅拌，同时记下水位线，以便随时添加开水，补足蒸发掉的水分。大火煮沸 40～60min，并不断搅拌，水要在停火前 15min 加完。待药液熬成红褐色，锅底的渣滓呈黄绿色即可。此过程中药液颜色的变化为黄→橘黄→橘红→砖红→红褐。通过此方法熬制成的石硫合剂，一般可达到 22～28 波美度。使用时直接兑水稀释即可。

稀释倍数计算公式为

$$加水倍数＝\frac{原液浓度－目的浓度}{目的浓度}$$

三、石硫合剂的使用

石硫合剂是一种良好的杀菌剂，也可杀虫、杀螨。可用于多种花木病害的休眠期防治。一般只用于喷雾。休眠季节可用 3～5 波美度石硫合剂，植物生长期可用波美 0.1～0.3 波美度石硫合剂。石硫合剂具有腐蚀性，使用过的器具要及时清洗。

 **任务实施**

步骤一： 石硫合剂的熬制。

按实际比例称好生石灰、硫酸粉、水。并将水倒入锅中加热。待水温到 70℃ 左右，放入生石灰制成石灰乳，煮至沸腾时，把事先用少量水调好的硫黄糊慢慢加入石灰乳中，边倒边搅拌，同时记下水位线，以便随时添加开水，补足蒸发掉的水分。大火煮沸 40～60min，并不断搅拌，水要在停火前 15min 加完。待药液熬成红褐色，锅底的渣滓呈黄绿色即可。

熬好后，停火称重，并放入瓷缸中密封保存，即制成石硫合剂母液。

步骤二： 质量鉴定。

用波美比重计测得母液的浓度大约在 22°Be 以上，所熬制的石硫合剂基本符合要求。

 **实训任务评价**

序号	评价项目	评价标准	评价分值	评价结果
1	熬制方法	熬制方法、步骤正确	70	
2	质量鉴定	所熬制石硫合剂浓度在 22°Be 以上，质量符合要求	20	
3	问题思考与答疑	在整个实训过程中开动脑筋，积极思考，正确回答问题	10	
合　计				

 实训报告

评语			成绩	
		教师签字　　　日期	学时	
姓名		学号	班级	
实训名称	石硫合剂熬制与质量鉴定			

1. 设有 26 波美度的石硫合剂，需稀释为 3 波美度药液 100，问需原液多少？

2. 简述石硫合剂熬制的过程及注意事项。

园林植物昆虫标本的
采集、制作与保存

（建议 8 课时）

 实训目标

（1）通过实训，掌握昆虫标本采集、制作和保存的技术与方法。

（2）学会昆虫鉴定的一般方法。

（3）通过实训，了解本地园林植物昆虫的主要目科，以及生活环境和主要习性，为园林植物害虫的准确鉴定和综合治理奠定科学基础。

（4）通过实训，培养学生观察能力、动手能力和协作能力。

 实训材料和仪器用具

实训材料及器材

（1）昆虫标本的采集工具。主要有捕虫网、吸虫管、毒瓶、指形管、三角纸袋、采集盒、采集袋、镊子、枝剪等。

（2）昆虫标本的制作工具。主要有昆虫针、三级台、展翅板、整姿台、台纸、黏虫胶、回软器、镊子剪刀、大头针、透明纸条等。

（3）昆虫标本的保存工具。主要有标本柜、针插标本盒、玻片标本盒、四氯化碳或樟脑精、吸湿剂、熏杀剂以及抽湿机等。

（4）昆虫标本的鉴定工具。主要有手持放大镜、体视显微镜以及相关的参考书等。

 实训内容

（1）昆虫标本的采集。

（2）昆虫标本的制作。

（3）昆虫标本的鉴定和主要目科的识别。

 实训要求

（1）标本采集前要做好充分的准备，包括采集工具和外出必带物品，采集过程中要注意安全。

（2）标本采集过程中要注意全面采集和完整采集，包括昆虫生活的各种环境和各种虫态，并要注意标本的完整性。

（3）当天采集的标本要求当天制作，制作不完的标本可放在 4℃ 的冰箱中保存。

（4）每一个标本都要求有采集标签，至少要有目科的鉴定标签。

（5）装入标本盒的标本要按照类群归类。

任务实施

步骤一：　昆虫标本的采集。

（1）网捕。主要用来捕捉能飞善跳的昆虫。对于能飞的昆虫，可用气网迎头捕捉或从旁掠取，并立即摆动网柄，将网袋下部连虫一并甩到网框上。如果捕到大型蝶蛾，可由网外用手捏压胸部，使之失去活动能力，然后包于三角纸袋中；如果捕获的是一些中小型昆虫，可抖动网袋，使虫集中于网底部，放入广口毒瓶中，待虫毒死后再取出分拣，装入指形管中。栖息于草丛或灌木丛中的昆虫，要用扫网边走边扫捕。

（2）振落。摇动或敲打植物、树枝，昆虫假死坠地或吐丝下垂，再加以捕捉；或受惊起飞，暴露目标，便于网捕。

（3）搜索。仔细搜索昆虫活动的痕迹，如植物被害状、昆虫分泌物、粪便等，特别要注意在朽木中、树皮下、树洞中、枯枝落叶下、植物花果中、砖石下、泥土和动物粪便中仔细搜索。

（4）诱集。即利用昆虫的趋性和栖息场所等习性来诱集昆虫，如灯光诱集（黑光灯诱虫）、食物诱集（糖醋液诱虫）、色板诱集（黄板诱蚜）、潜所诱集（草把、树枝把诱集夜蛾成虫）和性诱剂诱集等。

昆虫标本采到后，要做好采集记录，内容包括编号、采集日期、地点、采集人、采集环境、寄主及为害情况等。

步骤二：　昆虫针插标本的制作。

依标本的大小，选用适当型号的昆虫针，按要求部位插入。微小昆虫，如跳甲、米象、飞虱等，先用微针一端插入标本腹部，另一端插在软木板上，与台纸大小的软木片上；或用黏虫胶直接黏在台纸上，再用 2 号针插在软木片或台纸的另一端，虫体在左侧，头部向前。

1. 昆虫标本的定高

插针后用三级台定高，中小型昆虫可直接从三级台的最高级小孔中插至底部，大型昆虫可将针倒过来，放入三级板的第一级小孔中，使虫体背部紧贴台面，其上部的留针长度是 8mm。插在软木板和黏在台纸上的微小昆虫，参照中小型昆虫针插标本定高。

2. 整姿和展翅

甲虫、蝗虫、蝼蛄、蟓象等昆虫，经插针后移到整姿台上，将附肢的姿势加以整理，通常是前足向前，中、后足向后，触角短的伸向前方，长的伸向背侧面，使之对称、整齐、自然、美观，整好后，用大头针固定，以待干燥；蝶蛾、蜻蜓、蜂、蝇等昆虫，插针后需要展翅，即把已插针定高后的标本移到展翅板的槽内软木上，使虫体背面与两侧木板相平，然后用昆虫针轻拨较粗的翅脉，或用扁口镊夹住将前翅前拉；蝶蛾、蜻蜓等以两个前翅后缘与虫体纵轴保持直角；草蛉等脉翅目昆虫则以后翅的前缘与虫体纵轴成一直角；蜂、蝇等昆虫以前翅的顶角与头相齐为准，后翅左右对称、压于前翅后缘下，再用透明光滑纸条压住翅膀以大头针固定。把昆虫的头摆正，触角平伸前侧方，腹部易下垂的种类，可用硬纸片或虫针交叉支持在腹部下面，或展翅前将腹部侧膜区剪一小口，取出内脏，塞入脱脂棉再针插整姿保存。整姿和展翅完毕后，每个标本旁必须附上采集标签。采集标签可以手写，也可以打印，其上要写明采集地点、采集时间、采集人。采集时间的月份一般用罗马字表示，如 2005 年 6 月 28 日可写成，Ⅵ- 28，2005。

插上采集标签和装盒：在自然状况干燥一周或在 50℃ 左右的温箱中干燥 12h 即可除去整姿和展翅固定用的大头针和透明纸条等。将标本取出，插上采集标签，再用三级台给采集标签定高，其高度为三级台第二级的高度，然后再将标本插入针插标本盒中。每一个标本都必须附有采集标签，没有采集标签的标本为不规范的标本。

步骤三： 昆虫浸渍标本的制作。

昆虫的卵、幼虫、蛹以及体软的成虫和螨类都可制成浸渍标本。活的昆虫，特别是幼虫在浸渍前，要饥饿一至数天，然后放在开水中煮一下，使虫体伸直稍硬，再投入浸渍液内保存。常用的浸渍液有：

（1）酒精液。常用浓度为 75％，或加入 0.5％～1％ 的甘油。小形或软体的昆虫，可先用低浓度酒精浸渍 24h 后，再移入 75％ 酒精液中保存。酒精液在浸渍大量标本后的半个月，应更换 1 次，以保持浓度。

（2）福尔马林液。用 1 份福尔马林（含甲醛 40％）和 17～19 份水配制而成。用于保存昆虫的卵。

（3）醋酸、白糖液。用冰醋酸 5mL、白糖 5g、福尔马林 5mL、蒸馏水 100mL 混合配制而成。对于绿色、黄色、红色的昆虫在一定时间内有保护作用，但浸渍前不能用水煮。

步骤四： 昆虫玻片标本的制作。

微小昆虫（如蚜虫、蓟马、赤眼蜂）、螨类及虫体的一部分（如雄性外生殖器、蝶蛾类的翅相）等，往往要制成玻片标本，放在显微镜下才能看清细微特征。其制作步骤为：

（1）材料准备。蚜虫、蚧壳虫、蓟马、赤眼蜂、螨类等微小种类一般都采用整体制片，活虫用 70％ 酒精固定几小时。对成虫的外生殖器制片，可取下成虫的腹部；如果是稀有标本，可捏住腹部末端稍挤压，将生殖器挤出，或从腹面剪开，取出外生殖器后，再捏合腹部，使其复原。

（2）碱液处理。将材料从保存液中捞出，放入 5％～10％ 的氢氧化钠或氢氧化钾溶液中，直接加热或隔水加热；或置于 80℃ 温箱中，经 5min～1h 不等，以材料基本透明为度。不宜加热太久，避免材料损坏。

（3）清洗。将碱液处理过的材料，移入蒸馏水中，反复清洗多次，除去碱液和脏物，再移入酒精液中保存备用。

（4）染色。清洗后的材料，染色与否视昆虫种类而定，如鳞翅目雄性外生殖器色深，特征明显，不需染色；而其他材料一般需要染色。可用酸性品红溶液（酸性品红0.2g，加10%盐酸5mL、蒸馏水40mL，24h后过滤即可使用）染色20min～24h不等。

（5）脱水与透明。将清洗（不染色）或染色后的材料移至载玻片上，在解剖镜下初步整姿后，取无水酒精和二甲苯的等量混合液，滴在虫体脱水至透明。在此过程中，因混合液吸收水分而出现白雾，应继续滴加混合液驱除白雾。然后用吸水纸吸去混合液，再将丁香油或冬青油滴在材料上以取代混合液。

（6）封片。用吸水纸吸除多余的丁香油或冬青油，然后蘸取少量加拿大树胶，将材料黏在载玻片上，在解剖镜下充分整姿后，移入大培养皿或其他容器中，任其干燥又不沾染灰尘，待树胶干后，再滴加适量的加拿大树胶，将盖玻片盖上，贴上标签后置于干燥避光又不易染尘处，自然干后即成永久性玻片标本。

步骤五： 昆虫标本的保存。

昆虫标本在保藏过程中，易受虫蛀与霉变，以及光泽褪色、灰尘污染及鼠害等。通常针插标本应放进密闭的标本盒里，盒内放上四氯化碳或樟脑丸等防虫药品；玻片标本放入玻片标本盒内。标本盒应放入标本橱里，橱门应严密，以防危害标本的小型昆虫进入，橱下应有抽屉，放置吸湿剂和熏杀剂。小抽屉的后部与全橱上下贯通，以便内部气体流通。

要定期用敌敌畏等药物在标本橱内和标本室内喷洒。如果发现橱内个别标本受虫蛀，应立即用药剂熏蒸；如标本发霉，应更换或添加吸湿剂，对个别生霉的标本，可用软性毛笔蘸上酒精刷去霉物或滴加二甲苯处理。

步骤六： 昆虫标本的鉴定。

借助手持放大镜和体视显微镜，根据相关教科书的检索表，以及各主要目科的描述鉴定目科，常见种类根据教科书及相关专著鉴定属种，并附上鉴定标签。鉴定标签要求写上中文名、学名、鉴定人、鉴定时间。最后将鉴定标签插于采集年标签下，并用三级台的第一级定高。疑难标本可寄送有关专家鉴定和审定。

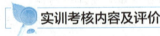 **实训考核内容及评价**

1. 考核内容

（1）是否掌握了采集工具的使用和昆虫采集方法。

（2）是否掌握了昆虫标本的制作方法。

（3）是否能识别昆虫常见目科，并掌握了其主要特征。

2. 考核标准

序号	考核类型	考核重点内容	考核标准	分配分值	得分
1	过程考核	标本采集制作工具的准备	要求准备的采集制作工具齐全	10	
2		标本的采集	标本采集按照规范进行操作，并注意全面采集和完整采集	10	
3		标本的制作	标本制作按照规范进行操作，并注意当天的标本当天制作	10	
4		标本的鉴定	能够正确使用检索表和相关的教科书进行主要目科的鉴定	10	
5		纪律和投入程度	参与标本采集制作的全过程，听从指挥，并能投入课外时间进行标本的采集制作和鉴定	10	
6	结果考核	标本采集的数量	标本采集达到 60 个，并涵盖了主要的目科	15	
7		标本制作的质量	标本制作精美、规范，每一个标本都有采集标签，并按类群排列在标本盒中	15	
8		标本鉴定的准确度	主要目科能够鉴定准确，每一个标本都有鉴定标签	20	
合　计					

实训报告

评语				成绩	
	教师签字	日期		学时	
姓名		学号		班级	
实训名称	园林植物昆虫标本的采集、制作与保存				

1. 列出所采集到的标本的目科和种类清单，并上交所采集到的标本。

2. 写一份有关昆虫标本采集、制作及鉴定的体会报告。

园林植物病害标本的采集、制作与保存

（建议 6 课时）

实训目标

（1）通过实训，掌握园林植物病害标本采集、制作和保存的方法。通过标本采集、制作和鉴定，熟悉当地园林植物上发生的主要病害种类、识别要点、发生与危害情况，同时巩固课堂学习的相关理论知识；增加对园林植物病害的感性认识，为病害的诊断和防治奠定基础。

（2）通过实训，培养学生采集、制作和保存园林植物病害标本的技能。进一步巩固了学生进行病害田间诊断的能力。

（3）培养学生吃苦耐劳、团结协作的良好品德。

实训材料和仪器用具

标本夹、吸水草纸、采集箱、修枝剪、小刀、小锯、镊子、记录本、标签、铅笔、纸袋、塑料袋、显微镜、放大镜、载玻片、盖玻片、挑针、滴瓶等用具；植物病害标本盒、樟脑丸等。

多媒体课件、多媒体教学系统。

任务分析

要顺利地完成本次实训任务，首先必须掌握园林植物病害标本采集的方法；制作的技巧以及保存的方法；其次要知道病害标本采集、制作和保存的用具及使用方法。

任务提出

授课教师把准备好的各种器材分发到每一小组，由小组长负责保管。

布置实训：进行园林植物病害标本的采集、制作和保存。

实训内容

（1）实训前仔细阅读园林植物病害标本采集与制作等相关内容。

（2）病害标本采集前要先认真观察发生部位，采集中注意病害标本的代表性和完整性，做好记录，随采随压制。

（3）标本采集过程中要注意全面采集和完整采集，如病害无性阶段和有性阶段。

（4）每一个标本都要有采集标签，至少要有目科的鉴定标签。

（5）采集过程中，要注意自身安全。

（6）若标本制作时间不够，可在课外活动时间进行。

（7）分小组进行，每组 4～5 人。

 实训要求

（1）园林植物病害标本采集。

（2）园林植物病害标本整理、压制、干燥。

（3）园林植物病害标本制作与保存。

相 关 知 识 回 顾

一、病害标本的采集

1. 采集用具

采集标本的用具以轻便、坚固、实用为原则。一般必须具备的工具：

（1）标本夹及吸水纸。用来压制标本的木夹，由两个对称的一些木条平行钉成的栅状板组成。一般长 60cm，宽 40cm。适用于各类含水分不多的枝叶病害标本。外出采集前，标本夹中应夹好一些吸水纸，以便在病害标本采集以后压干，防止卷缩。

（2）采集箱或采集袋。临时放置标本。

（3）放大镜。用于野外观察。

（4）其他工具。修枝剪、镊子、记录本等。

2. 采集方法

（1）将植株的有病部位（如根、枝、叶、果）连同健全部分，用刀或剪取下。适于干制的标本，应随采随压于标本夹中。柔软的肉质多汁类标本，应先用标本瓶或塑料袋分别包好，再放在标本箱或标本袋中，以免污染、挤压或混杂。对于锈病、白粉病、黑粉病要分别用吸水纸夹好，以免混杂。

（2）采集标本的同时，要在记录本上进行记载，包括标本编号、病害名称、寄主植物名称、采集日期和地点、采集人姓名、发生情况、环境条件等。另外，采集标本上要有标签，标签上记录编号和寄主，编号与记录本上编号一致。

（3）每种标本上的病害各类要求单一，即每一种标本上只能有一种病害，避免多种病害混杂。

（4）真菌性应采集有性、无性两个阶段的病症，以便进行病原鉴定。

（5）每种标本采集的份数至少在 5 份以上，叶斑病类要有 10 份以上，以便鉴定、保存和交换。

合格的病害标本，必须具备：病状典型；病征明显；避免混杂；有采集记录。

二、病害标本的制作与保存

1. 干制标本的制作与保存

（1）标本制作。将适于压制的标本，如病叶、茎等，压在标本夹的纸层中，用绳子将标本夹扎紧，放置日光下或通风良好处或烘箱（50℃，2～3 天，以后不能作病原菌分离使用）中，标本干得越快越能保持原有色泽。所以，干制标本的好坏，关键在于要勤换纸、勤翻晒。在换纸时，应随时将标本加以整理，保持平整。肉质多汁或较大枝干和坚果类病害标本可直接晒干、烤干或风干。

（2）标本保存。标本经压制干燥后，在老师指导下进行选择整理，放入标本盒中，并将标签填写完整贴好。标本盒，一般盒底纸制，盒盖玻璃，大小不一，一般为 $20\times28\times3cm^3$。或将整理好的标本缝固在适当大小的油光纸夹中，然后放入牛皮纸袋中，贴上标签。

2. 浸渍标本的制作

果实、块根、球茎、根系和柔软肉质的担子菌子实体等标本，以及为了保持标本的原有色泽和病状特征时，常制成浸渍标本。

（1）普通防腐浸渍液。福尔马林 50mL、95％酒精 300mL、水 2000mL，也可简化成 5％的甲醛液或 70％的酒精。这 3 种浸渍液只防腐而不保色。浸渍时应将标本洗净，使液体浸没标本。

（2）绿色标本浸渍液。将标本在 5％硫酸铜溶液中浸 6～24h，待转色后，取出后用清水漂洗数次，然后保存在亚硫酸溶液中（含 5％～6％二氧化硫的亚硫酸溶液 45mL 加水 1000mL 配成），封口保存。

（3）保存黄色和橘红色标本浸渍液。用 5％～6％二氧化硫的亚硫酸溶液，配成 4％～10％的水溶液（含二氧化硫 0.2％～0.5％），放入标本，封口保存。

（4）红色标本浸渍液。将氯化锌 200mL 溶于 4000mL 的水中，然后加福尔马林和甘油各 100mL，过滤后放入标本，封口保存。

浸渍标本必须封口。将蜂蜡和松香各 1 份，分别融化后混合，加少量凡士林调成胶状，涂在瓶口作为临时封口；用酪胶和消石灰各 1 份，加水调成糊状可永久封口。

 任务实施

步骤一： 园林植物病害标本采集。

寻找一处公园或绿地（相对来说，管理比较粗放，园林植物上发生病害较多），安排学生进行园林植物病害标本的采集。

对于制作蜡叶标本，最好边采集边整理压制；对肉质多汁或较大枝干和坚果类病害，可分开用纸袋包好放在采集箱中。

步骤二： 园林植物病害标本整理、 压制、 干燥。

在实训室中对采集的标本进行边整理边压制，压制好放在阳光下通风处干燥，或放到烘箱中烘干。对于野外已压制的标本，回到实训室要进一步整理压制。

步骤三： 园林植物病害标本制作与保存。

根据采集的不同类型标本进行分类制作和保存。干制标本按照要求进行的制作与保存；浸渍标本按照要求和颜色不同分别配制保存进行保存。

 **实训任务评价**

序号	评价项目	评价标准	评价分值	评价结果
1	课堂纪律	是否准时参加实训	10	
2	实训态度	实训期间表现及采集工具的使用与保管	20	
3	实训成果	病害标本采集与制作的数量及质量（根据实际情况来确定，一般至少有 10 种 20 个不同病害标本）	50	
4	实训报告	实训报告的完成情况	20	
合　计				

 **实训报告**

评语				成绩	
		教师签字　　　日期		学时	
姓名		学号		班级	
实训名称	园林植物病害标本的采集、制作与保存				

1. 每人把上交的植物病害标本名录及数量列表表示。

2. 实训总结。

园林植物病原物的分离培养和鉴定

······ （建议 2 课时） ······

 **实训目标**

通过实训，学生能够掌握病原物分离培养的基本原理和基本方法，了解各种病原物的形态和生物学特性，为园林植物病害防治奠定基础。

实训材料和仪器用具

1. 实训材料

具有真菌病害典型症状植株或细菌病害典型症状植株。

2. 实训用具

恒温培养箱、生物显微镜、镊子、放大镜、刀片、剪刀、滤纸、灭菌培养皿、灭菌 1mm 吸管、酒精灯、记号笔 1 支、火柴、三角瓶、PDA 培养基、95％酒精、0.1％升汞、漂白粉、次氯酸钠、无菌水、多媒体课件、多媒体教学系统。

任务提出

授课教师把准备好的各种标本分发到每一小组，放在实训台上。布置实训任务：园林植物病原真菌、细菌的分离培养和鉴定。

园林植物真菌病害、细菌病害主要依据症状和病原形态特征做出诊断，真菌通常在发病部位能产生菌丝体、孢子、子实体等病症；细菌病害在高湿条件下在发病部位产生菌脓病症。

任务分析

要正确地进行园林植物病原真菌、细菌的分离培养和鉴定，就必须掌握柯赫氏法则的相关知识。

实训内容

（1）园林植物病原真菌的分享培养。

（2）园林植物病原细菌的分享培养。

实训要求

（1）选用新鲜的标本，标本应放在培养皿中保湿。

（2）为避免污染，应该在无菌室内超净工作台上严格按照无菌操作要求进行。

（3）所有接工具都必须经过高温灭菌或灼烧，操作时应该在酒精灯火焰附近进行，以保证管口、瓶口等所处空间无菌。所有操作动作要快，避免杂菌污染。

（4）平板培养基冷却后必须无冷凝水，可将培养基放置 37℃ 烘箱中干燥 30min。

相关知识回顾

一、园林植物侵染性病害的诊断步骤

1. 园林植物病害的诊断

野外诊断就是现场观察。根据症状特点区别是虫害、伤害还是病害，进一步区别是侵染性病害还是非侵染性病害，侵染性病害在自然条件下可点到面逐步扩大蔓延的趋势。虫害、伤害没有病理变化过程，而植物病害有病理变化过程。注意调查和了解病株在田间的分布，病害的发生与气候、地形、土质、肥水、农药及栽培管理的关系。

2. 园林植物病害的症状观察

症状观察是首要的诊断依据，虽然简单，但需在比较熟悉病害的基础上才能进行。诊断的准确性取决于症状的典型性和诊断人的经验。观赏症状时，注意是点发性还是散发性症状；病斑的部位、大小、长短、色泽和气味；病部组织的特点。许多病害有明显的病状，当现病症时就能确诊，如锈病。有些病害外表看不见病症，但只要认识其典型症状也能确诊，如病毒病。

3. 园林植物侵染性病害的室内鉴定

许多病害单凭病状是不能确诊的，因为不同的病原可产生相似病状，病害的症状可因寄主和环境条件的变化而变化，因此有时需进行室内病原鉴定才能确诊。一般来说，病原室内鉴定是借助放大镜、显微镜、电子显微镜、保湿与保温器械设备等，根据不同病原的特性一，采取不同手段，进一步观察病原物的形态、特征特性、生理生化等特点。新病害还须请分类确诊病原。

4. 园林植物侵染性病原生物的分离培养和接种

有些病害在病部表面不一定能找到病原物，同时，即使检查到微生物，也可能是组织死后长出的腐生物，因此，病原物的分离培养和接种是园林植物病害诊断中最科学最可靠的方法。接种鉴定又叫印证鉴定，就是通过接种使健康的园林植物产生相同症状，以明确病原。这对新病害或疑难病害的确诊很重要。

二、园林植物病害诊断应注意的问题

园林植物病害的症状是复杂的，每种病害虽然都有自己固定的、典型的特征性症状，但也有易变性。因此，诊断病害时，要慎重注意如下几个问题：第一，不同的病原可导致相似的症状，如萎蔫性病害可由真菌、细菌、线虫等病原引起；第二，相同的病原在同一寄主植物的不同发育期、不同的发病部位表现的症状不同，如炭疽病在苗期表现为猝倒，在成熟期危害叶、茎、果，表现斑点型；第三，相同的病原在不同的寄主植物上表现不同的症状；第四，环境条件可影响病害的症状，如腐烂病在潮湿时表现为湿腐型，在干燥叶表现为干腐型；第五，缺素症、黄化症等与病毒、支原体、类立克次体引起的病害症状类似；第六，在病部的坏死组织上，可能有腐生菌，容易混淆误。

三、柯赫法则

柯赫法则是 1889 年柯赫根据植物病害侵染发生过程的一般规律而制定的，是病害诊断中常用的印证法则，它可分为 4 个步骤：

（1）经常观察，了解一种微生物与某种病害的联系。

（2）从病组织上分离得到这种微生物，并将其单独在培养基上培养，使其生长繁殖，即纯培养。

（3）将纯培养的微生物接种到健康的寄主植物上感病后，发生原先观察到的症状。

（4）从接种发病的组织上再分离，又得到相同的微生物。

经过上述 4 步，证明了染病组织上观察到的某种微生物，是这种病害的病原生物，明确了病原物和它的致病作用，病害的诊断完全具备了有力的根据。

任务实施

步骤一： 植物病害真菌的分离培养。

序号	步骤	操　　作
1	材料选择	选择新鲜发病、症状典型的植株，洗净晾干，取病健交界处切成 3～5mm 大小的植物组织
2	工具消毒、灭菌	打开超净工作台通风 20min，用 70％酒精擦拭手、台面等处，分离用的容器和镊子用 95％酒精擦拭后经火焰灼烧灭菌。然后在台面铺 1 块湿毛巾
3	平板 PDA 制作	将三角瓶中的 PDA 培养基置微波炉中融化，摇均，无菌操作将培养基倒入已灭菌的培养皿中，厚度 2～3mm，摇均
4	材料的消毒	先用 70％酒精漂洗 2～3s，迅速倒去，再用 0.1％氯化汞（俗称升汞）溶液消毒 30s 至几分钟，再用无菌水漂洗 3～4 次，用无菌滤纸吸干材料上的水
5	材料移入平板 PDA 上、培养	在无菌操作下用镊子将材料移入平板 PDA 培养基上，标明日期、材料等。将培养皿放入培养箱中在室温、黑暗条件下培养 2～3 天，即可检查结果
6	转管保藏	若分享成功，在菌落边缘挑取小块菌组织，移入试管斜面 PDA 培养基上，菌丝长满后，放入冰箱中，低温保藏。这便获得了植物病原真菌的纯培养

步骤二：植物病原细菌的分离培养。

序号	步骤	操作
1	材料选择及处理	选择新鲜标本或新病斑，洗净晾干，取病健交界处切成 3~5mm 大小的植物组织。先用白粉溶液处理 3~5min，或次氯酸钠溶液处理 2min，再用无菌水冲洗
2	制备细菌菌悬液	在灭菌培养皿中滴几滴无菌水，把经过消毒的材料放入水滴中，用灭菌玻棒将组织研碎，静置 10~15min
3	划线分离	用灭菌接种环蘸取悬浮液在表面干燥的肉汁培养基上划线，分离
4	培养观察	在培养皿上标明日期和分离材料等，将培养皿翻转置培养箱中适温培养 24~48h，可观察结果

实训任务评价

序号	评价项目	评价标准	评价分值	评价结果
1	病组织处理	能否正确运用消毒剂处理病组织	10	
2	划线分享	能否熟练操作	10	
3	无菌操作	各个操作能严格无菌操作	10	
4	真菌分离培养结果	成功分离，无杂菌	30	
5	细菌分离培养结果	成功分离，无杂菌	30	
6	实训表现	在整个实训过程中开动脑筋，积极思考和动手操作	10	
合　计				

实训报告

评语			成绩	
			学时	
	教师签字　　　　日期			
姓名		学号	班级	
实训名称	园林植物病原物的分离培养和鉴定			

1. 病菌分离培养应注意哪些问题?

2. 如何进行病菌分离材料的表面消毒?

参 考 文 献

［1］ 佘德松，李艳杰. 园林病虫害防治［M］. 北京：科学出版社，2011.

［2］ 丁世民. 园林植物病虫害防治［M］. 北京：中国农业出版社，2014.

［3］ 陈啸寅，马成云. 植物保护［M］. 2版. 北京：中国农业出版社，2008.

［4］ 程亚樵，丁世民. 园林植物病虫害防治［M］. 2版. 北京：中国农业大学出版社，2011.

［5］ 丁梦然，夏希纳. 园林花卉病虫害防治彩色图谱［M］. 北京：中国农业出版社，2011.

［6］ 黄少彬. 园林植物病虫害防治［M］. 北京：高等教育出版社，2006.

［7］ 江世宏. 园林植物病虫害防治［M］. 重庆：重庆大学出版社，2007.

［8］ 卢希平. 园林植物病虫害防治［M］. 上海：上海交通大学出版社，2004.

［9］ 马成云，张淑梅，窦瑞木. 植物保护［M］. 北京：中国农业大学出版社，2011.

［10］ 邱强. 花卉病虫原色图谱［M］. 北京：中国建材工业出版社，1999.

［11］ 宋建英. 园林植物病虫害防治［M］. 北京：中国林业出版社，2005.

［12］ 徐公天，杨志华. 中国园林害虫［M］. 北京：中国林业出版社，2007.

［13］ 徐公天. 园林植物病虫害防治原色图谱［M］. 北京：中国农业出版社，2003.

［14］ 徐志华. 园林花卉病虫生态图谱［M］. 北京：中国林业出版社，2006.

［15］ 张宝棣. 园林花木病虫害诊断与防治原色图谱［M］. 北京：金盾出版社，2002.

［16］ 张随榜. 园林植物保护［M］. 2版. 北京：中国农业出版社，2010.

［17］ 张中社. 江世宏. 园林植物病虫害防治［M］. 2版. 北京：高等教育出版社，2010.

［18］ 赵怀谦. 园林植物病虫害防治手册［M］. 北京：中国农业出版社，1994.

［19］ 孔德建. 园林植物病虫害防治［M］. 北京：中国电力出版社，2009